新版
人間と環境

篠田純男

三好伸一

伊東秀之

水野　環

　共　著

三 共 出 版

新版にあたって

　本書は，薬学，農学，工学などを含めた多くの学部・学科において，人間と環境との相互作用や相互連関についての講義に役立てていただくために編纂され，初版が 2019 年 2 月に発行された。

　しかし，初版の発行から 5 年たち，様々な基準値や規制値が改訂されたことを受け，今回，それらを書き改め「新版」として刊行することとした。また，それに合わせて，各種統計資料やデータも最新のものと差し替えた。2019 年から始まった新型コロナウイルス感染症 COVID-19 のパンデミックによって，私たちの生活や社会環境が大きく変化するとともに，人間の生活・健康と環境微生物（生物学的環境要因）との密接なかかわりが改めて認識された。新版では，COVID-19 に関するコラムのほか，世界規模で深刻化している海洋プラスチックごみに関するコラムなどを書き加えた。

令和 6 年 1 月　　　　　　　　　　　　　　　　　　　　　　　　　　　　　　　三好伸一

まえがき（初版）

　人間は常に環境の影響を受けている。しかし一方では，人間の営みが環境に変化を与え，それがときには環境汚染，地球温暖化などの形で人間生活・健康に影響を与えている。

　本書は，『人間と環境』をタイトルとして薬学，農学，工学などを含めた多くの学部・学科において人間と環境との相互作用，関係についての講義に役立てていただくために編纂した。

　『人間と環境』と記した場合，「環境」とは人間をとりまく全てのものを意味することになり，1）化学的環境，2）物理的環境，3）生物学的環境に加えて，4）社会的環境も入る場合がある。しかし，環境衛生学的観点でまとめる場合には，4）の社会的環境はあまり対象にはならず，1）〜3）が主体になることが多く，本書もその方針で編纂した。

　環境衛生関係の書物の多くは，環境因子として化学的および物理的因子の記述が中心である。特に公害・環境汚染という概念から化学的環境因子に関する記述が多いが，本書では開発途上国や災害時での環境も踏まえて生物学的あるいは食品衛生学的な環境因子にもかなりのページ数を割いている。

　20 世紀半ばから後半にかけて，産業活動に伴う廃棄物などによって，地域環境や食品などの汚染が進行し，一般大衆の健康被害が問題となり，「公害」という用語が使用され，1967 年には「公害対策基本法」が制定された。水俣病，四日市ぜんそく，PCB・有機塩素化合物汚染などがマスコミでも報道されることが多かった。

　その後オゾン層の破壊や地球など，温暖化より広域の環境問題への対応が国内のみならず，国際的にも必要となり，1993 年には「環境基本法」が制定され，これに基づいて多くの環境関連法令が整備された。

　広域の地球環境問題への対応が迫られる一方で，先進国では益々工業技術革新が進み，産業生産が図られ，開発途上国では人口増加に対応するため，開発・生産力の増強が必要となり，「環境を保全しつつ開発を継続する」概念が導入され，「持続可能な開発 SD（Sustainable Development）」という用

語が盛んに使われるようになった。この用語は 1980 年の国際環境計画（UNEP）がとりまとめた世界保全戦略に出ており，1992 年のヨハネスブルグでの地球サミット辺りからは，地球環境問題に関する世界的な概念となってきた。

2015 年の第 70 回国連総会において，「我々の世界を変革する：持続可能な開発のための 2030 アジェンダ」が採択され，その中で「持続可能な目標 SDGs（Sustainable Development Goals）」が示された。SDGs は 2030 年を実現の年限とする国際目標であり，貧困・飢餓・保健・ジェンダー・水・衛生・エネルギー・気候変動・海洋資源等々，計 17 の項目を含んでいる。

わが国では，総理大臣を本部長とする「SDCs 推進本部」，関係者や有識者による「SDGs 推進円卓会議」が設置された。そして，「SDGs アクションプラン 2018」が提出され，以下の 8 分野の SDGs 実施指針が提示されている。

①あらゆる人々の活躍の推進，②健康・長寿の推進，③成長市場の創出，地域の活性化，科学技術のイノベーション，④持続可能で強靭な国土と質の高いインフラの整備，⑤省エネ・再エネ，気候変動対策，循環型社会，⑥生物多様性，森林，海洋等の観光保全，⑦平和と安全・安心社会の実施，⑧SDGs 実施推進の体制と手段

本指針の多くは環境保全と持続的開発に関係しているが，特に④～⑥は廃棄物，環境保全，すなわち環境問題が中心的課題になっている。

本書も 21 世紀の環境問題について記述しているので，持続可能な開発目標 SDGs との関連は無視できない。本書が出版される時点では，東京オリンピック・パラリンピック 2020 は未来の事業であり，競技施設等は建設中である。また SDGs アクションプラン 2018 には，⑧の中に「2025 年万博誘致を通じた SDGs の推進」が示されているが，すでに 2025 年大阪万博は決定されており，本書の出版後には大阪夢洲を中心に多くの建設が始まる。

かつて，1964 年には東京オリンピック，1970 年には大阪万博があり，首都圏や関西圏は建設ラッシュで沸き返り，その他の地域も高度成長期であったため，様々なインフラの整備が盛んに行われた。環境影響も大きかったが，当時は環境汚染として大きな話題にはならなかった。

まさに，半世紀余りを経て，東京・大阪に同様なイベントが再来したが，今回も様々な建設工事が必要である。また近年は風水害や地震も多く，これらの自然災害からの復旧工事も必要である。しかし，近年では環境影響に配慮した「持続可能な開発」が求められており，それなりの建設工事が行われる筈である。

本書『人間と環境』は，必ずしも SDGs に対応した形で執筆されてはいないが，本書に書かれた多くの環境因子が人々の生活・健康にどのような影響を与えるかを理解することによって，持続可能な開発（SD）のためには如何にあるべきかを考えていただければ幸いである。

なお，本書の編纂・執筆には三共出版の秀島功氏に，初期の構成の段階から一方ならぬご協力をいただいた。深甚なる謝意を表したい。

平成 31 年正月 　　　　　　　　　　　　　　　　　　　　　　　　　　　　　　　著者一同

目　　次

人間と環境

1 環境汚染と微生物

1-1 環境と環境要因

　宇宙は今から150億年前にビックバンにより生まれたと言われ，46億年前に太陽系が構成されて，地球が生まれたとされている。

　地球は誕生以来少しずつ環境を変化させて，38〜40億年前にもっとも単純な生命体が生じ，生命体は環境の変化に応じて変異・進化して現在の生態系が構成されたと考えられている。

　環境とは，自分をとりまくものすべてであり，物理的環境，化学的環境，生物学的環境の3種の環境要因があり，主体である人間個体は，そのすべての環境要因から影響を受けており，逆にすべての環境要因に影響を与えている。

　物理的環境には，温度，音，圧力，光，振動などがあるが，人間には体温よりもやや低い気温が適しており，1気圧の大気，すなわち約1/5気圧の酸素分圧の存在下で正常な呼吸を行うことができる。しかし，高山では気圧が低いため酸素分圧も下がり，酸素不足・呼吸困難になる。人類は，その祖先から基本的に海抜0m付近の低地帯に居住しており，その環境に適応して進化し，今日に至っているので，低地帯での気圧や気温が適していると言える。

　人間の目は一定波長の可視光線をとらえることができるが，短波長の紫外線，あるいは長波長の赤外線を捉えることができない。紫外線は透過力は低いが，ある波長域の紫外線はDNAなどに障害を与えて生物に対して変異性などの害作用があり，皮膚に対して日焼けを引き起こす。また，250〜260nmの紫外線は殺菌力が強い。一方，赤外線は透過力が強く，温熱効果をもたらす。

　大気を化学的にみると窒素と酸素で大部分を占め，次いでアルゴン，二酸化炭素などがあるが，呼吸に利用される酸素以外は1気圧の大気圧のもとでの正常な濃度範囲では生理的に無作用である。しかしながら，二酸化炭素濃度の極端な上昇は毒性を発揮し，窒素なども高圧では麻酔

大気の組成

　0℃，1気圧，乾燥状態での地球の大気の組成は，N_2 78.10%，O_2 20.93%，Ar 0.94%と言われ，CO_2 は20世紀半ばには0.03%程度であったが，化石燃料の燃焼増加によって次第に増えており，2015年頃には0.04%のレベルに達している。

作用を示す。そして，後述するように，我々人類が生活のために化石燃料を大量に焼却させつつあることが，大気の二酸化炭素濃度を上昇させ，直接的な生理的影響はないとは言え，地球温暖化という問題を起こしている。また，正常成分以外のもの，すなわち大気汚染物質が混入すればその影響を受ける。

　水は H_2O という化学物質であるが，生命体を構成する細胞内では，水を溶媒として酵素などの各種の物質が生命を維持する活動を行っているので，生命活動には水は必須である。したがって，動物，植物，微生物のすべての生命体は，水の存在する場所でしか生命を維持することできない。人間生活にとっても水は必須であり，エジプト，メソポタミア，インド，中国などの古代文明が，それぞれナイル，チグリス・ユウフラテス，ガンジス・インダス，黄河・揚子江などの大河の流域に栄えたことは，良く知られている。

　そして，一方では，この水が汚染されると重大な健康被害をもたらす。水俣病，イタイイタイ病などは，戦後の日本で公害として大きく取り上げられた環境汚染問題である。

　人間を含めて動物は従属栄養生物であるので，栄養補給は多くの生物学的環境に依存しており，呼吸に必要な酸素は植物の生産活動に依存している。また，動物の屍体や枯れた植物体を分解・無機化して植物の生産活動の原料を供給し，環境浄化の役割を果たしているのは微生物である。すなわち，生態系の分解者である微生物は，Scavenger の役割を果たしていると共に，次期の生産者への Material Supplier の役割も果たしている。さらに微生物は発酵・醸造という形で我々の生活に役だっている。しかし一方では，動植物に疾病を引き起こす微生物が存在し，人類はペスト，天然痘，コレラなどの感染症と戦ってきた。最近では AIDS やエボラ出血熱などの新興感染症，さらにはマラリア，結核などの再興感染症など，生物学的環境が我々に脅威を与えている。

従属栄養生物（Heterotroph）

　独立栄養生物（Autotroph）に対立する言葉であり，独立栄養生物が無機化合物（二酸化炭素，水など）から光合成などによって，有機栄養素などを合成しているのに対して，従属栄養生物は独立栄養生物が作り出した栄養素を利用して，生命を維持することができる。

図 1-1　環境形成作用と環境作用

　生物は環境に依存して，すなわち環境作用を受けて生活しているので，環境の変化は正常な生命活動に影響を与える。しかし，一方で生物自身

が環境に変化，すなわち環境形成作用をもたらしている（図1-1）。動物が生命活動をすれば呼吸により酸素の減少と二酸化炭素の増加を来たし，排泄物による土壌や水の汚染を引き起こす。好気性微生物は活発な有機物分解を行う際に大量の酸素を消費するので，嫌気的環境を出現させ，嫌気的微生物に活動の場を与える。動物や微生物の活動により生じた二酸化炭素は植物により還元されて，再び酸素と有機物となる。このように，生物はその活動により環境を変化させるが，その変化した環境を他の生物が利用して生命活動を行うことにより，結局は元の環境に復するというバランスが成立して，後述のように地球生態系が構成されている。

コラム　地球温暖化をもたらす気体

二酸化炭素以外にもメタン，亜酸化窒素（N_2O），ハイドロフルオロカーボン類（HFCs），パーフルオロカーボン類（PFCs），6フッ化硫黄（SF6）などがあり，温室効果ガス（Greenhouse Gas：GHG）と呼ばれている。二酸化炭素の地球温暖化係数（Global Warming Potential：GWP）を1とした場合の他のGHGのGWPは，N_2Oが298，HFCsの1つであるトリフルオロメタンが14,800，PFCsの1つパーフルオロエタンが12,200など，極めて高い値を示すものがあるが，排出される絶対量を考慮すると，二酸化炭素の寄与度が最も高いとされている。

人間も地球生態系の一員であるので，環境作用のもとに80億の生命を維持しつつ，環境に影響を与えている。人間は数十kgの体重で80億以上の個体数を持つ動物であるので，生物としての存在だけでも環境形成作用は無視できないほどの大きなものである。しかし，人間は文明を発達させることにより単なる生物としての機能以上の環境形成作用を与えるようになり，生態系が保ってきたバランスを崩すようになってきた。18世紀の産業革命以来，その影響が大きく現われるようになったが，20世紀の半ばまではある地域に限局した問題であった。しかし，20世紀後半には地球レベルの問題となり，人類の将来に危惧をなげかけるようになってきている。

例えば，大気中の二酸化炭素濃度が増加してきており，これが地球温暖化をもたらしつつある。二酸化炭素は生物の呼吸により生ずるものであるから，人口増加も少しは影響しているが，なんと言っても化石燃料の消費の増加が圧倒的である。地球温暖化は，21世紀の大きな国際的な環境問題であり，2015年には第21回気候変動枠組条約締約国会議（COP21）がパリで開かれ，「気候変動抑制に関する多国間の国際的な協

COP: Conference of the Parties
気候変動枠組条約締約国会議の他，ラムサール条約の締約会議，生物多様性条約締約国会議などにも使用されている。

定」いわゆるパリ協定（Paris Agreement）が定められて，翌2016年から各国が批准をしている。これは2020年以降の地球温暖化対策を定めているものであるが，2017年に就任した米国のトランプ大統領は，パリ協定からの脱退を表明し，国際的な物議をかもした。

また，フロンやハロンと呼ばれるハロゲン化物は人に対する直接的な有害作用が少ないので多用されてきたが，安定であるため分解されることなく大気中を拡散上昇し，オゾン層に至って紫外線に曝されると分解して塩素を生じ，これがオゾン層の破壊につながっている。長い地球の歴史の中で，初期の生物は太陽からの紫外線の影響を防ぐために水中でしか生息できなかったが，独立栄養生物により大気中に酸素が形成され，その辺縁の成層圏で太陽の紫外線の作用により分子状酸素（O_2）からオゾン（O_3）が生じて，これが紫外線に対する障壁となって地表に達する紫外線量が減少し，陸上での生物の生息が可能となった。すなわち，紫外線自身の作用で作り出されたオゾン層が障壁となって紫外線の透過を妨げる効果を持たらすことになっている。ところが，人間が文明生活のために利用したハロゲン化合物がオゾン層の破壊をもたらして，紫外線の地表への照射量を増やして，陸上での生物の生息が不可能な古代の環境へ逆戻りさせる可能性につながっている（もちろん酸素分子からのオゾン形成は継続的におこるので，一気にオゾン層がなくなるわけではない）。

科学技術が進歩した今日でもなお，人間の力は自然の力に及ばず，台風や地震などの自然災害を完全には制御できない。しかし，人間活動の結果が地球環境を大きく変えてしまうということは，人間が潜在的に極めて大きな力を持つことを意味している。これからの人間の活動は，それが地球環境にどのような影響をもたらすかを事前評価しつつ行う必要がある。

1-2　生態系とその機能

1-2-1　生態系の構成員

生態系とは，生物の群集，すなわち生物学的環境系の営みであり，さらにはそれを取巻く無機的環境（物理的および化学的環境）との相互作用を含めた営みを総合的にとらえたものと言える。

生態系は，生産者，消費者，分解者の3因子から構成されている。生産者（主として植物であるが，水圏ではラン藻類や植物プランクトンも含まれる）は太陽光線の光エネルギーを使って無機物質の二酸化炭素

パリ協定

全体目標として，世界の平均気温上昇を2℃未満に抑えることを掲げ，それに向けて21世紀後半には人間活動による温室効果ガス排出量をゼロにする方向性を打ち出している。

フロン（フッ素を含むハロゲン化合物）

アンモニアに代わる冷蔵庫用の安定な冷媒として開発され，エアゾール用の噴霧剤や消火剤としても利用されてきたが，オゾン層保護のためのウイーン条約やモントリオール議定書により規制されるようになった。

CO_2 と水 H_2O から有機物質，具体的にはデンプンなどの炭水化物を合成し，さらに代謝を行ってアミノ酸などの種々の生体化合物を合成して蓄積する。その結果，光合成に使われた太陽の光エネルギーは生産者（植物など）中の様々な有機物質，すなわち栄養物質内に化学エネルギーとして蓄積される。

生産者（植物，ラン藻類など）は太陽光を用いて光合成を行って二酸化炭素と水から炭水化物を合成し，太陽エネルギーを化学エネルギーとして蓄積しているが，この合成・蓄積された有機栄養源を摂食して，エネルギーを利用するのが消費者である。

第一次消費者である草食・植食動物を第二次消費者である肉食動物が摂食するが，人類を含めて植物と草食動物の双方を摂食する雑食動物や，屍体を摂食する第二次以降の消費者（鳥類，哺乳類，節足動物など）など，多様な消費者が含まれる。

消費者である動物などは生産者である植物などを摂食して，炭水化物・タンパク質・脂質・その他各種の有機体を栄養源として利用し，自らの細胞・生体を構成し，活動のエネルギーとして利用している。

すなわち，生態系でのエネルギーの流れを単純に見ると，生産者が光合成により太陽エネルギーを化学エネルギーの形で蓄積し，これを消費者が有機栄養源の代謝分解によって運動エネルギーとして利用している（図 1-2）。もちろん，実際の生体内では極めて複雑な代謝系が活動しているが。

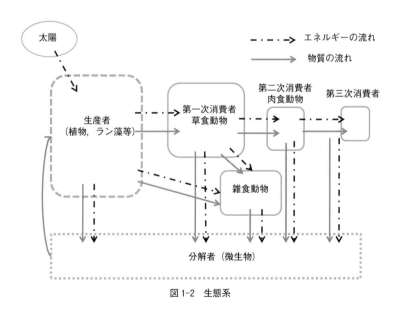

図 1-2　生態系

　分解者（細菌などの微生物）は，生産者および消費者である動植物などを分解して低分子化，無機化する機能・役割を担っている。

　地球の表層環境は，気圏，水圏，地圏に分けることができる。我々人類を含めて多くの生物が陸上で生活しているが，生物には，水が必須であるので水圏からの水の供給が必要となる。そして，動物は運動エネルギーを得るために酸化的代謝を行うので気圏の酸素を必要としている。陸上動物は地圏の上に足（脚）をおいて歩行し，水圏から直接，あるいは食物を経由して間接的に生活・生命のための水を得ており，気圏，すなわち大気中の酸素を肺呼吸で利用している。

　水中にも魚類などの消費者（動物）が生息しているが，これらはエラ（鰓）呼吸などで溶存酸素を利用している。大気に近い位置の表層水は溶存酸素量が多いので，そのような水域の魚類などは呼吸が容易であるが，魚介類などは溶存酸素量が少なく，エラ呼吸に困難を伴うと想像される。しかし，1,000 m 以上の深海にも魚介類などが生息しており，海流などによる酸素の供給やわずかな溶存酸素への適応などにより，生息が可能と考えられている。また，水環境にはクジラやアザラシなどの哺乳類，カモメやカモなどの水鳥もいるが，それらはエラ呼吸ではなく，肺呼吸を行う動物であり，大気からガス状の酸素を吸入して利用しなければならず，エサを得るためにかなり長時間水中に潜る能力を持っている動物種でも，呼吸を行う際には気圏に身体を露出しなければならない。

　さらに，水中の節足動物・昆虫にもエラ呼吸をするものと肺呼吸するものなど多様なものがあり，肺呼吸をする生物種には，潜っていてもしばしば表層水近くに出て大気中の空気を吸うもの，あるいは，細い管状の器官を水面上に突き出して空気を吸うものなど様々である。また，体表面から溶存酸素を取り込むことができる機能を持つ種もある。その他，軟体動物，甲殻類，両生類など様々な消費者（動物）が水圏には生息しているが，それぞれのシステムで呼吸を行っている。

1-2-2　生産者（植物，ラン藻類）の生産活動

　一方，生産者である植物，ラン藻類などは，太陽の光エネルギーを使って光合成を行い，二酸化炭素と水から還元的反応で有機物を産生し，酸素を放出している。陸上の植物の多くは，大気中に枝葉を出して，地中に根をおろしている。すなわち，葉の中の葉緑体で光エネルギーを受け取り，大気中の二酸化炭素を吸収し，根から地中の水分を吸い上げて利用している。したがって，太陽の出ている昼間は光エネルギーと一定量の二酸化炭素を得ることが可能である。しかし，川や湖沼，池などの

エラ（鰓）

　魚類以外にも，軟体動物，環形動物，甲殻類などの水生動物の呼吸器官となっており，水中の溶存酸素を接取して，二酸化炭素を放出するガス交換を行う。限られた溶存酸素を効率的に接取するために櫛状，あるいは格子状となって表面積を大きくしており，多くの血管と繋がっている。

水源から離れた土地では，十分な降水量がない場合には土壌が乾燥して，根から十分な水分を供給をすることができず，光合成が不可能となり，植物自体が枯れて有機物の生産，酸素供給が不可となる。

　また，夜間は太陽光線が照射されないので，光合成は停止しており，デンプンなどの生産，酸素の供給は行われていない。しかし，植物は生物としての細胞代謝機能を継続し続けているので，若干の酸素を消費している。

　地圏（陸上）ばかりではなく，水圏でも生産者の活動は行われている。水圏の生産者では，川や池，沼，湖に生息するハス，菖蒲，アシなど，さらにはホテイアオイなどの水草類を我々がよく目にする。海域では海岸近くの昆布，ワカメなどが馴染みである。水生の生産者も光合成を行うので，太陽光線と二酸化炭素が必要であるが，陸上の植物とは条件が異なる。すなわち，陸上の植物は大気に身をさらしているので，太陽光線の照射を受け，大気中の二酸化炭素を葉の気孔から取り込んで，光合成を行うことが可能である。一方，水生植物では，アシやハスのように葉を大気中に出している抽水植物や，ホテイアオイのような浮水植物などの場合には，陸上の植物と同様な光合成が可能と思われるが，フサモ，クロモなどの沈水植物や海域のワカメや昆布などの場合は，葉が水面下にあるので，大気中の二酸化炭素を直接利用するすることができず，水中に溶存している二酸化炭素，あるいは，重炭酸塩を利用することになる。そして，水面近くなら十分な太陽光線を利用することが可能であるが，水深が深くなると届く光量が低下し，まして濁りなどが多くなると太陽光線も遮られる。したがって，根をはる水生植物が活動できるのは，水深の浅い，すなわち海岸近くに限られることになる。

　人類は陸上で生活しているので，陸上に繁る樹木や草花，農作物，野草，そして，水域の生産者についてもハス，アシなどの淡水性の水草や，昆布，ワカメなどの海岸の海藻類が目につき，これらが光合成，すなわち炭水化物と酸素の生産の主役を演じていると感じてしまう。

　しかし，地球の表面積で陸地が占めるのは30%程度に過ぎず，約70%は海域が占めている。したがって，陸生の植物と，陸上の淡水の川・池・湖沼などの水草類および沿岸部の海底や岩に定着している昆布やワカメなどの海藻類や海草類など，我々が目にし得る植物の生産者活動だけでは十分とは言えない。

　昆布やワカメ，海苔などは肉眼的には大きく見えるので，陸上の植物と同じような印象であるが，昆布やワカメなどは海藻類に分類されている。海藻類（Sea Weed または Marine Algae）は，葉・茎・根の区別が

明瞭でない海生の隠花植物の総称とされており，根は一般の植物のような栄養摂取の機能は果たさず，浅海部の岩などに固着するための器官として働いている。これに対して，アマモ，ウミショウブなどは海草類（Seagrass）に分類されており，単子葉種子植物であって，葉・茎・根の区別があり，根を砂泥中に延ばしている。海藻類，海草類の双方ともに浅海の岩や底泥などに定着して生息しているので，我々も目にすることが可能であるが，ごく浅い海岸部でしか生息できないので，実際的な生産者としての寄与は，必ずしも大きくはない。

しかし，広い海域では可視的な海藻・海草以外の生産者によっても光合成が行われており，その主役がラン藻類や植物プランクトンである。ラン藻類（ラン色細菌）はシアノバクテリアの1群で光合成細菌の1つである。

このような植物プランクトンは，微小な生物であるので，我々は個々の個体を肉眼で直接見ることは困難であるため，認識が低いが，広い海域の表層近くで大きな生産活動を行い，二酸化炭素の固定，炭水化物生産と酸素放出を行っており，後述のように水域での食物連鎖，生態系ピラミッドの底辺を構成している。

> ─ プランクトン ─
> 基本的に光合成を行う水生の微小生物全体を指しており，藻類から一部の真正細菌まで含まれているので，非常に多様であり，大きさも様々である。

1-2-3　分解者

生態系では，生産者によって光合成による二酸化炭素と水から炭水化物と酸素の生成が行われ，太陽の光エネルギーが化学エネルギーとして蓄えられ，消費者によって炭水化物と酸素が消費されて，化学エネルギーが，その運動・活動のエネルギーとして利用されている。

しかし，全ての生産者（植物体・植物プランクトンなど）が消費者（動物）によって消費しつくされるわけではなく，消費者の身体も死後かなりの体積を持つ有機体として残ることになる。したがって，地球の生態系のバランス維持のためには，このような膨大な生産者，消費者の残存物，すなわち有機体のごみの山ともいえるものを分解して，無機化する生物が必要であり，これが分解者である。

分解者として働いているものは，主として微生物であり，個々の個体は肉眼的には認識できないが，地球全体のバイオマス量は膨大なもので，消費者である動物のバイオマスに匹敵するとも言われている。

分解者の機能は，生物を構成している成分，タンパク質，脂質，炭水化物などを代謝分解することであり，最終的には無機化して，主としてCO_2とH_2O，あるいはSO_4^{2-}，NO_3^-などの酸化物にまで持って行くので，好気性微生物の役割が大きいが，途中の段階では，嫌気的微生物も働い

ており，特に固形物の分解・可溶化には大きな役割を果たしている。

　生態系の生産者，消費者，分解者の関係を単純に図式化すると図1-2のようになり，物質的には，生産者である植物などが太陽の光エネルギーを利用して二酸化炭素と水から炭水化物を合成している。そして，これを第一次消費者である草食動物が摂食し，さらにこれを第二次消費者である肉食動物が摂食する。我々人類は，生産者である植物（野菜，穀類など）と草食動物（肉類）の双方を食するので雑食系であるが，犬や猫も，元来は肉食動物系であったものが，人が飼いならした結果，人と同じような雑食系となっている。また自然界でも，一部のクマのように雑食系のものも生息している。そして，このような第二次消費者の動物を含めて屍体などを摂食するハゲワシ，コンドル，ハシブトガラスなどの鳥類，ジャッカル，ハイエナなどの哺乳類，節足動物の一部など，第三次，第四次消費者と言える多様な動物種が存在している。

　生産者（植物など）から各消費者の流れの中で，物質的には有機体（炭水化物，タンパク質，脂質など）が移動し，それと共に化学エネルギーも移動している。

　さらに，これらの生産者，消費者の有機体は分解者・微生物によって分解代謝されて無機物となって，再び生産者の生産活動に利用されることになり，地球上の生物・生態を構成する物質，すなわち有機体を構成する因子である C，H，O，N，S，さらには Ca，Mg，Fe などが，生産者，消費者，そして分解者の間を循環して，一定のバランスを保ち続けている。

1-2-4　生態系ピラミッドと食物連鎖

　上述のように，生態系では生産者が光合成を行って炭水化物を作り，太陽の光エネルギーを化学エネルギーとして蓄え，我々消費者はそれらを利用して生きている。陸上の第一次消費者である草食動物は，野草，牧草や穀類などの多量の陸上植物を食べ，水域の動物プランクトンも大量の植物プランクトンを摂食している。したがって，生産者・植物体は消費者に比べると膨大な絶対量が存在しなければならない。エルトンの生態系ピラミッドは，水系での生産者から，第一次消費者，第二次消費者などのバイオマス量の関係を示すものとしてしばしば引用されている（p.15）。

　生態系ピラミッドでは，最下部の植物プランクトンと，その上位の動物プランクトンとの量比に，それほどの大きな差が示されていないが，実際の水域では10倍以上の差があると考えられており，これは，汚染物

クマ

　生息する地域によって多様であり，例えば，ホッキョクグマの場合は完全な肉食と言える。ヒグマはサケなどの魚肉類を多く摂るので，肉食系に近いが，ある程度は木の実も食べる雑食であり，ツキノワグマは果実，木の芽などを主に食べる植物系が主体で，小型の動物や昆虫なども食べる雑食である。

質の食物連鎖による生物濃縮の事実からも頷ける。

　生体への取り込みと排泄を我々動物で見ると，取り込まれた栄養物などの物体は，そのまま，あるいは代謝分解されて，生体のエネルギーとして，あるいは生体成分として利用された後，代謝産物や老廃物は排出されて，新たな栄養物などが摂取される。この取り込まれる物質と排出される物質は，質的には変化しているが，量的には原則的に変化していないので，生体重量，すなわち体重の大きな変化はみられない（もちろん，成長期や老衰期，衰弱期，あるいは肥満などの変化はあるが）。具体的には，栄養源となる炭水化物は二酸化炭素と水に分解されてエネルギー源として活用されて排出される。一部は脂質に代謝されて蓄積され，あるいは炭水化物と同様に代謝分解されてエネルギー源となる。タンパク質は代謝分解されてアミノ酸となり，個体の構成タンパク質になると同時に，炭水化物と同様なエネルギー源としての代謝も行われる。身体を構成するタンパク質や脂質も適度に新陳代謝が行われて排泄され，それに応じた補給がなされる。したがって，これら主要な栄養素は，取り込まれた重量に応じた収支のバランスはとれている。その他，ビタミンやミネラルと呼ばれる微量成分も収支のバランスはとれている。

　定常的にかなりの重量（バイオマス）の生産者，そして第一次消費者などが上位の消費者に摂食されているが，摂食された生産者や下位の消費者の有機体，すなわち栄養物質の大部分は代謝されて排泄されるので，摂食者である動物の重量（バイオマス）には，基本的な変動はない。しかし，摂食と排泄の営みは延々と続けられるので，1個の消費者の生命を維持するためには，膨大な量の生産者，あるいは下位の消費者が必要になる。地球の生態系では，生産者のバイオマスは，消費者の10^3倍近くにも及ぶと推定されている。

1-2-5　人工生態系

　上述した生態系は，地球の歴史の中で生じた生命体が進化しつつ形成した自然の生態系と，そこに人類が文明生活を営むことによって地球温暖化や環境汚染などの影響を与えつつあることを記したものである。

　しかし，一方では人類自身が文明社会の歴史を刻むうちに作り出した生態系もある。それが農耕地帯の生態系と都市生態系である。

(1)　農耕地生態系

　人類は，初期には自然の果実や野生の動物，魚介類をとって食べる生活であったはずであるが，その内に農耕や牧畜を始めるようになった。

農作業では，土地を耕して特定の植物を植えて水を与えるので，自然とは異なった生態系が構成されることになる。牧畜でも多数のウシやヒツジを草地に放牧したり，牧草を多量に刈り取ることなどで，自然環境系が崩されることがある。

アジアと欧米，アジアでも東南アジアと中国，日本でそれぞれに農耕，牧畜の形態が異なり，歴史の中で独特の農耕地生態系を形成しており，近代の農業改革などにより，変化が見られるようになっている。

日本の農村地帯の多くでは，里山，田畑，農家集落から構成されているところが多く，田畑は人の手が加わっているので，人によってつくられた生態系が構成されたと言えるが，里山も，ある程度人の手が入っていると言える。

日本は水田農業が主体であり，梅雨から初夏にかけては田に水が張られて水稲が植えられているが，ドジョウ，タニシなども生息しており，田に水の無い時期には水路を通って池や沼に移動していると言われている。そして，コイやナマズなどの大型魚が産卵のために田に移動している地域もあると言われている。

スズメ，カラス，サギなどの野鳥は自然のものであるが，人が作り出した田畑の作物，水系の魚介類に寄ってくる鳥類とも言える。

水田に水がはられている時期には，かなりの面積からの蒸発熱が放出されており，地表の冷却効果にもなっているとも言える。

水田にする土地には，かつては春先にレンゲが植えられることが多く，美しいレンゲが一面に咲く風景が見られていたが，これはレンゲのようなマメ科植物根に根粒バクテリアを寄生させ，これが窒素固定作用を示すので，窒素肥料としての，要するに，古来からの伝統的な有機農業としての利用である。

里山は，農村に近い低山地，森林を指すことが多いが，スギやヒノキなどの建築木材の供給場所としての森林の場合もあり，時折は伐採を行い，また植林を行うなど，人の手が入れられている。また，山菜取りに人が入ることも多い。そして，人の住む地帯の近くではキツネ，タヌキ，イタチなどの野生の動物もおり，そしてイノシシもかなり田畑の近くまで現れ，さらに奥に入るとクマが住む地域もある。

しかし，近年は農村の状況が変化して耕作されない田畑や整備されない里山が増え，イノシシやクマが人里近くに出没するという問題が起こっており，農耕地の生態系が変化してきている。

窒素固定作用

大気中の窒素（N_2）は安定であり，これを植物は直接利用することはできないので，何らかの形で窒素源（NH_4^+，NO_3^- など）が必要である。そこで，農業の場合には，油粕，魚粉などの有機系肥料，あるいは硫安，尿素などの化学肥料が使用される。しかし，マメ科植物に寄生する根粒細菌はニトロゲナーゼの働きで大気中の N_2 を以下のように固定して NH_4^+ に変換することができる。

$N_2 + 8H^+ + 8e^- \rightarrow$
$2NH_3 + H_2 + 16ADP + 16Pi$

(2) 都市生態系

　都市は，農村以上に人の手が加わっているが，それなりの生態系が形成されている。完全なアスファルト，コンクリートで固められたビル街では，野生の生物の生息は難しいが，それでもカラスやスズメが飛び，ツバメも飛来する。並木が植えられ，屋上庭園が設けられているビルもあり，道路のアスファルトの割れ目に雑草が生えていることもある。そして，都市の河にも近年は様々な魚介類が戻っていると言われている。

　それぞれの大都市には公園があって，植樹が行われており，それなりの生態系が構成されている。例えばセミが鳴くということは，その土地の地中で長年，セミの幼虫が生きていたことを示している。そして好ましい例ではないが，2014年に東京都新宿区の代々木公園を中心にデング熱が発生したが，これは70年ぶりの国内感染例ということで話題となった。すなわち，大都市東京の中央地帯でも感染症を媒介する蚊が駆逐されていないことを示しており，都市の生態系の危うさを示すものの1つである。

　一方では，人工的に自然生態を作り出した例もある。明治神宮は，明治天皇崩御の後に建てられたが，その付近は森の無い荒れ地であったので人工林を作ることになった。大正時代の初期に植林が行われた広大な人工林であるが，人々が立ち入ることができない状態で現代に至っているので，自然林の形で残されており，人工的な自然林・生態系と言える。

> **デング熱**
>
> 　デング熱ウイルスがネッタイシマ蚊やヒトスジシマ蚊によって媒介されて起こる感染症で，熱帯・亜熱帯で流行している。わが国でも流行地での感染発症者が，渡航者感染（輸入例）として毎年100例以上記録されているが，2014年には341例の患者のうち162例がヒトスジシマ蚊からの国内感染と見做され，70年ぶりに国内での感染として大きな話題となった。

1-3　環境汚染物質の環境内動態と微生物

　環境汚染物質などの化学物質の環境内動態には，微生物が関与する微生物分解（生分解，代謝分解）や微生物変換，あるいは太陽光線などの非生物学的な分解が関わっている。また環境内動態は，環境汚染物質の性状に大きく依存している。

1-3-1　環境汚染物質の微生物分解

　微生物分解とは，水圏や土壌に生息する微生物の働きによって，酸化還元，加水分解，脱アミノ，脱カルボキシル，脱ハロゲンなどの諸反応が行われ，有機化合物が無機化合物にまで分解されることを言う。微生物は生態系において，生産者が合成した有機化合物である動植物の排泄物や屍体を無機化合物へと分解し，自らのエネルギー源や栄養源として利用している。これは生態系における炭素や窒素の循環にも寄与している。しかし人工の化学物質の中には，微生物分解を受けにくい難分解性

のものが存在する。これらは長期間にわたって環境中に残留し続け，環境汚染を引き起こす。また，生物濃縮を受けるものも多い。

1-3-2 環境汚染物質の微生物変換

　微生物変換とは，微生物の働きによって化学物質の化学形が変換されることを言う。例えば，金属水銀は環境中の微生物によって無機水銀，さらにはメチル水銀へと変換される。これらの反応は可逆的であり相互に変換される。

コラム　非意図的生成物

　非意図的生成物とは，化学物質の製造や破棄の過程で生成する副生成物（不純物）であり，その中には生体にとって極めて有害な作用を持つものがある。非意図的生成物の代表的なものとしては，トリハロメタン，ポリ塩化ジベンゾ -p- ジオキシン Polychlorinated Dibenzo-p-dioxins（PCDDs）やポリ塩化ジベンゾフラン Polychlorinated Dibenzofurans（PCDFs）があげられる。トリハロメタンは水道水の塩素消毒の過程で生成し，PCDDs や PCDFs は塩化ビニル樹脂を含むごみの焼却過程のほか，クロロフェノキシ酢酸系農薬である 2,4-D や 2,4,5-T の製造時に生成する。ベトナム戦争では，この農薬が大量に空中散布され，散布された地域の住民には流産や奇形児の高頻度での発生など，多大な健康被害が発生した。

1-3-3 環境微生物による共代謝

　有機化合物の中には，無機化合物までの完全分解には至らないが，数段階の酵素反応を経て生じた中間代謝物が，微生物の細胞外に蓄積することがある。このように，エネルギー源や栄養源として利用されない有機化合物が，微生物分解を受ける他の有機化合物が存在する場合，部分的に分解される現象を共代謝（コメタボリズム）とよぶ。微生物が有機化合物を完全分解する場合には，培養時間に依存して有機化合物の量は減少し，微生物の数は増加する。しかし共代謝では，有機化合物の量は減少するが，微生物の数は一定のままである。

　湖水や河川水，活性汚泥や土壌などの環境試料に，人工の（有害な）化学物質を添加し，一定時間保温した場合には，水や二酸化炭素などへの完全分解には至らず，共代謝による中間代謝物が蓄積することがある。一方では，完全分解が認められた化学物質を単独で資化できる微生物が環境試料から分離されないことも多い。このことから，環境中では複数の微生物による連続した共代謝が，化学物質を分解する原動力となって

いると考えられている。事実，生分解性に乏しい有機塩素系の化学物質に関しても，毒性が低く，より低分子の有機化合物へと共代謝する微生物の存在が知られている。

共代謝は，多くの微生物酵素の基質特異性が厳密ではないため，構造が類似した化学物質は分解できるが，生成した中間代謝物の構造が異なるために，無機化合物にまで分解できないことにより説明される。

1-3-4 環境汚染物質の生物濃縮

化学的に非常に安定であり，しかも生物体内での代謝・排泄の速度が極めて遅い化学物質は，たとえ環境中での濃度が，その存在を疑わせるほど低いものであっても，生物体内に取込まれると高度に濃縮される。このように，生物が生息環境よりも高い濃度で化学物質を生物体内に含有する現象を生物濃縮とよんでいる。そして，その程度は濃縮係数（生物体内での濃度／環境中での濃度）によって表現される。

(1) 直接濃縮と間接濃縮

水生生物における生物濃縮としては，直接濃縮と間接濃縮の2つが知られている。直接濃縮とは，例えば魚類がエラを介して，あるいはプランクトンが体表面から，水中の化学物質を直接取り込み体内に濃縮する現象である。この濃縮現象は対象化学物質の2つの系（水と生物体内）の間における分配と見なすことができる。したがって，濃縮係数（これは分配係数と同一になると考えられる）は生物の種類に関係なくほぼ一定となる。

これに対して，間接濃縮とは食物連鎖を経た濃縮現象である。一般に水の生態系においては，植物プランクトン→動物プランクトン→小魚→大魚，という食物連鎖が構成されている。この食物連鎖では，連鎖が一段階上がるごとに生物量が1/10となる。したがって，生物体内で代謝作用を受けない化学物質は，食物連鎖の各段階で10倍ずつ濃縮されることとなる。このことから，食物連鎖の高次に位置する生物では間接濃縮が主な濃縮経路となる。その一例として，PCBsの間接濃縮例を表1-1に示した。この例では，マス体内のPCB濃度は植物プランクトンの約2,000倍に高められている。

> **エルトンの生態系ピラミッド**
>
> 生態系では，生産者である植物や植物プランクトンなどが太陽の光エネルギーを利用して光合成を行い，これを第一次消費者が摂食し，さらに上位の第二次，第三次消費者が摂食する。この際，食料となる生物の有機体は代謝・分解されて，エネルギー源として利用され，代謝産物の多くは放出されるので，上位の生物のバイオマス量は，下位の生物のバイオマスより減少する。これを水系の生態系で図式化したのがエルトンの生態系ピラミッドである。

生態系ピラミッド

表 1-1　PCB の食物連鎖による生物濃縮

生物種	濃度（ppm）	濃縮倍数
植物プランクトン	0.0025	1.0
動物プランクトン	0.123	49.2
小魚（rainbow smelt）	1.04	416
マ　ス	4.83	1,930
カモメの卵	124	49,600

（S. F. Zakrewski（古賀実ほか訳）：『入門環境汚染のトキシコロジー』，化学同人）

　陸生生物においては食物連鎖を経た間接濃縮がほとんどである。ただし，大気汚染物質，例えば廃棄物の焼却過程で生成されるダイオキシン類に関しては，呼吸を通じての直接濃縮も起こり得る。しかし吸気からの取込み量は，食物からのそれよりもはるかに少ない。

(2) 生物濃縮されやすい化学物質

　生物濃縮を受けやすい化学物質として，第1にあげられるものは，ダイオキシン類，PCBs などの内分泌かく乱化学物質（いわゆる環境ホルモン）に代表される脂溶性化合物である。これらは体内脂肪に溶け込む性質を有しているため，主として脂肪の多い組織に蓄積する。第2は水銀やカドミウムなどの重金属である。重金属は通常の状態ではイオン化しているので，生物体内に取込まれるとタンパク質のシステインなどの残基と容易に結合する。そのため，体外への排泄速度が遅くなり体内に蓄積しやすくなる。必須元素であるリンやカルシウムと化学的性状が類似する金属も生物濃縮を受けやすい。これらは必須元素と容易に置換されるため，長期間にわたって体内に留まることができる。ヒ素（リンと置換）やストロンチウム（カルシウムと置換）が，これに該当する。

(3) 残留性有機汚染物質 Persistent Organic Pollutants：POPs

　POPs とは，① 水に溶けにくく環境中で分解されにくい（難分解性），② 食物連鎖などを介して生物体内に濃縮しやすい（高蓄積性），③ 気化，拡散し地球規模で汚染する（長距離移動性），④ 人の健康や生態系に対して有害である（毒性）という4つの共通する特性を有する有機化学物質である。現在ではダイオキシン類，PCB，DDT などの39種類が指定されている。POPs の廃絶，削減に対する国際社会の協調的取組みに関する条約として，「残留性有機汚染物質に関するストックホルム条約（POPs 条約）」が 2001 年5月に採択され，2004 年5月に発効された。この条約では，PCB，DDT などの製造と使用の原則禁止，非意図的に生成

されるダイオキシン類の排出削減，POPs が含まれる製品および廃棄物の適正管理ならびに処理，POPs 対策に関する実施計画の策定などを各国に義務付けている。

1-3-5 環境微生物の共生系（バイオフィルム）

水環境においては，石やコンクリートなどの固体表面には，多種類の微生物が集合した一種の生態系としてバイオフィルムが形成される（図1-3）。すなわち，栄養素に誘引されて固体表面に付着した微生物が，粘着性の多糖類を生産・分泌して互いに凝集することにより，初期バイオフィルムが形成される。その後，微生物の代謝活動によって，他の微生物が付着・増殖しやすい微小環境が形成され，多層バイオフィルムが形成される。

① 栄養素の固体表面への吸着

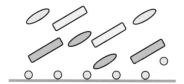

② 微生物の固体表面への付着

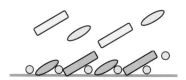

③ 初期バイオフィルムの形成

④ 多層バイオフィルムの形成

図 1-3　環境微生物のバイオフィルム

バイオフィルムの内部では，微生物の副産物を他の微生物が利用したり，増殖に必要な化合物を他の微生物に供給したりすることによって，微生物が相互に密接に関係したコミュニティーが形成されている。つまり，バイオフィルムを形成することは，① 増殖に必要な栄養素が増大し代謝活動が活発になる。② 水分子との結合力が増大し微生物が乾燥する危険性が減少する。③ 微生物の細胞が近接するため，プラスミドなどの遺伝子の受渡しが容易になるなどの利点がある。

1-4　バイオレメディエーション（微生物学的環境修復技術）

ダイオキシンや PCBs などの塩素化芳香族化合物，半導体基板の洗浄剤やドライクリーニングの溶剤として大量に使用されてきた揮発性有機

塩素化合物などは，微生物分解を受けにくい難分解性の化学物質である。そのため，環境中に排出されると長期間残留し，しかも広範囲に拡散して土壌や地下水を汚染する。

　有害な化学物質で汚染された土壌や地下水を浄化し，環境を修復する技術の１つとして，微生物の分解能力を利用したバイオレメディエーション Bioremediation（微生物学的環境修復技術）が注目されている。すなわち，微生物分解を受けにくい物質（毒性化学物質，有害廃棄物，重金属など）の蓄積による環境汚染に対して，人為的な分解工程を導入して効率良く汚染物質を分解・除去する技術であり，主には土壌や地下水の汚染を対象としている。

表1-2　バイオレメディエーションの対象物質

石油系炭化水素
ガソリン，原油，重油，ディーゼル燃料，ジェット燃料など
木材保存剤
ペンタクロロフェノール，クレオソートなど
難分解性有機塩素化合物
PCB，トリクロロエチレン，ダイオキシン類など
農薬
DDT，2,4-D など
重金属

　このバイオレメディエーションは，汚染現場に窒素やリンなどの栄養源を直接注入することによって，そこに生息する土着微生物の分解能力を促進させ，汚染物質を分解・除去するバイオシュティミュレーション Biostimulation，汚染化学物質に対して高い分解能力を有する微生物を現場に添加して，汚染物質を効率よく分解・除去するバイオオーギュメンテーション Bioaugmentation に大別される。なお後者においては，汚染物質が石油系炭化水素などの炭素源およびエネルギー源となるものであれば，添加された微生物は増殖できる。しかしながら PCB などの毒物であれば，徐々に死滅して減少するため，定期的な微生物の補給が必要となる。

　バイオレメディエーション処理の手法としては，汚染物質の分解・除去の工程を汚染現場において実施する原位置処理，汚染現場を掘削して汚染物質を搬出した後に実施する移動処理とがある。特に前者の処理手法は，比較的低濃度かつ広範囲の汚染の処理に適しており，市街地や工場などの地下の汚染土壌や水の修復に有効である。

1-5　微生物脱臭

　悪臭の原因となる吉草酸，酪酸などの有機化合物（炭化水素），アンモニアなどの窒素化合物，硫化水素などの硫黄化合物は，嫌気的環境下において生成される。

　好気的環境下において，有機化合物は微生物によって水と二酸化炭素にまで分解され，エネルギー源および炭素源として利用される。一方，窒素化合物や硫黄化合物は，特定の独立栄養細菌によって酸化され，エネルギー源として利用される。例えば，アンモニアは，*Nitrosomonas* 属や *Nitorosococcus* 属のアンモニア酸化細菌（亜硝酸菌）によって亜硝酸へ酸化され，さらに *Nitrobacter* 属や *Nitrospira* 属の亜硝酸酸化細菌（硝酸菌）によって硝酸へ酸化される。また硫化水素は，*Thiobacillus* 属や *Thiospira* 属の硫黄酸化細菌によって硫酸に酸化される。これらの独立栄養細菌は，酸化の過程で合成したエネルギーを用いて二酸化炭素の固定（炭素固定）を行う。

特定悪臭物質

　悪臭防止法では，アンモニア，メチルメルカプタン，硫化水素，硫化メチル，二硫化メチル，トリメチルアミン，アセトアルデヒド，プロピオンアルデヒド，ノルマルブチルアルデヒド，イソブチルアルデヒド，ノルマルバレルアルデヒド，イソバレルアルデヒド，イソブタノール，酢酸エチル，メチルイソブチルケトン，トルエン，スチレン，キシレン，プロピオン酸，ノルマル酪酸，ノルマル吉草酸，イソ吉草酸の22種類が，特定悪臭物質に指定されている。

2 環境汚染の実態

2-1 産業活動に伴う環境汚染（公害）

　わが国において公害が社会問題化したのは，政府による殖産興業政策が進められた明治時代からである。明治初期には，工場周辺のばい煙や悪臭，鉱山や製鉄所からの排水や排ガスによる被害が発生し，特に足尾鉱山や別子銅山での被害は大きかったが，当時は公害に対する社会意識がまだ低かった。

　明治末期からは重工業がさかんになり，京浜，阪神，北九州の重工業都市では，ばい煙が空を覆うようになった。この頃の公害は過密した工業地帯で発生する工場型公害であり，一般市民が深刻な影響を受ける状態には至らなかった。第二次世界大戦後，わが国の産業は重化学工業を中心にめざましい発展を遂げ，1950 ～ 1960 年代の高度経済成長期には，大量生産・大量消費・大量廃棄型の社会構造となった。この時代になると，生産技術が最優先され，環境汚染の防止技術の開発は後回しにされた。そのため，わが国は公害列島とも呼ばれ，4 大公害病をはじめ，公害による甚大な健康被害が全国各地で発生した。

2-1-1　水俣病および新潟水俣病

　1953 年頃から，熊本県水俣湾の一帯において，手足の麻痺・ふるえ，言語・視力・聴力・嚥下障害などの中枢神経障害を主症状とする水俣病が発生した。この中枢神経障害は，イギリスの農薬工場で報告されていたメチル水銀を原因物質とする職業病の症状（ハンター・ラッセル症候群）と類似していた。その後 1962 年には，脳性小児マヒ様の症状を示す胎児性水俣病も発生した。またネコやイヌなどにも異常が見られるようになった。疫学調査の結果，漁民や沿岸の魚介類を多食するヒトに患者が多いことから，水俣湾の魚介類が疑われ，それらのメチル水銀汚染が明らかになった（表 2-1）。1963 年には，熊本大学の研究班が「原因物質はメチル水銀化合物であり，それはチッソ水俣工場アセトアルデヒド製

造工程で直接排水中に排出されたもの」と発表した。

表 2-1　水俣地域魚介類の水銀濃度（ppm 湿重量）

コノシロ	1.62	貝　類	
カタクチイワシ	0.27	タイ（肉）＊	24.1
小ガニ（甲羅）	35.7	（内臓）	23.3
（内臓）	23.9	サワラ（肉）＊	8.72
カ　キ	5.61	（内臓）	15.3
海　草	0.98	カ　ニ＊	14.0
ニ　ベ	14.9	ボ　ラ＊	10.6
スズキ＊	16.6	イシモチ＊	19.0

＊衰弱して海面に浮いたもの

　さらに 1965 年には，新潟県阿賀野川流域において原因不明の有機水銀中毒患者が散発していることが発表され，1966 年には厚生省の特別研究班から「昭和電工鹿瀬工場の排水口からメチル水銀を検出した」ことが発表された。つまり，両工場ともアセトアルデヒドの製造工程で触媒として無機水銀を使用していたが（図 2-1），反応の過程でメチル水銀が副生し，これが無処理の状態で公共水域に放出された。そして，食物連鎖を介した生物濃縮によって，メチル水銀が海や川の魚介類の体内に高濃度に蓄積され，これを喫食した人や動物がメチル水銀中毒症を発症した。また環境微生物によって，環境に排出された無機水銀にメチルコバラミン（ビタミン B12 の活性型）からメチル基が供与されてメチル水銀に変換され，魚介類に蓄積されることも明らかとなった。

　2012 年 12 月末現在の被認定患者数は 29,673 人であり，生存者数は 664 人である。

$$CH \equiv CH + H_2O \longrightarrow CH_3CHO$$
触媒 $HgSO_4$

図 2-1　アセチレンからアルデヒドの合成

環境微生物によるメチル水銀の形成

　Clostridium cochlearium などの嫌気性菌がメチルコバラミンからメタンを形成する過程において無機水銀が混在するとメチル水銀がつくられる。また好気的環境下においても，*Neurospora crassa*（アカパンカビ）などの糸状菌がホモシステインからメチオニンを形成する際にメチル水銀が生ずることがある。

コラム　世界の有機水銀汚染

　現在でも世界の多くの国々において有機水銀汚染の問題が発生している。以前より多かった工場廃液や有機水銀系農薬による汚染は減少しているが，近年では金採掘による汚染，廃鉱山からの汚染，工場跡地の残留水銀の処理などが問題となっている。金採掘による有機水銀汚染は，金の精錬に金属水銀が使用されるためであり，蒸発により環境中に放出された水銀が土壌や河川でメチル水銀に変換され，食物連鎖を介して生物体内に濃縮される。ブラジルのアマゾン川流域，タンザニア，フィリピン，インド

ネシア，中国などで問題となっている。例えば，インドネシアのスラウェシ島では，1996年から操業をしていた米国系の会社が，水銀を含む金鉱山の排水を海洋に廃棄し続けたため，大気中に17t，海水中に16tの水銀が放出された。その結果水銀汚染が進み，近くの漁村では手足の痙攣，腫瘍や吹き出物などの症状を伴う疾病が広がった。

2-1-2　イタイイタイ病

　1955年頃から富山県神通川流域において，出産経験のある年配の女性に腎障害と激痛を伴う骨軟化症を主症状とする疾病が多発し，患者が「痛い，痛い」と常に叫ぶことからイタイイタイ病と名づけられた。1961年には神通川上流の三井金属鉱業神岡鉱業所の排水に含まれていたカドミウムによる慢性中毒であることが発表され，1968年には厚生省が「イタイイタイ病の本態は，カドミウムの慢性中毒により，まず腎障害を生じ，次いで骨軟化症を来し，これに妊娠，授乳，内分泌の変調，老化および栄養としてのカルシウムの不足などが誘因となって生じたもので，原因物質のカドミウムは三井金属鉱業神岡鉱業所の排水に起因する」との見解を発表した。2013年3月までに計196人が患者として認定されている。

　原因となった神岡鉱山から採掘される亜鉛鉱には不純物として1%程度のカドミウムが含まれており，このカドミウムが廃鉱水とともに排出された。そのため，神通川流域の土壌が汚染され（図2-2），汚染された農作物（特にコメ）と飲料水の長期間にわたる摂取により慢性のカドミウム中毒に至った。患者の体内カドミウム濃度は健常者の数十倍から数千倍にまで達していた。

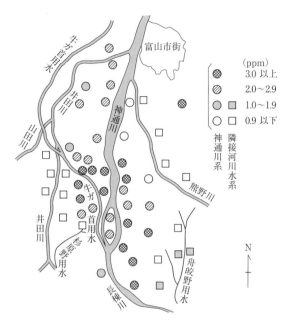

図 2-2　神通川流域のカドミウム汚染

　体内に摂取されたカドミウムは主として肝臓と腎臓に蓄積されるが，慢性中毒では腎尿細管の再吸収機能が障害を受けるため，カルシウムの再吸収が悪くなる。また，ビタミン D_3（VD_3）の水酸化体（$25\text{-}OH\text{-}D_3$）は，腎臓で $1,25\text{-}(OH)_2\text{-}D_3$（カルシトリオール，活性型ビタミン D_3）へと水酸化され，腸管でのカルシウム吸収を促進させるが，カドミウムは水酸化反応に関与する酵素を阻害する（図 2-3）。これらの要因によってカルシウム欠乏となり，これに妊娠，授乳，内分泌の変調，老化，カルシウム不足，ビタミン D 欠乏などが重なって骨粗鬆症に類似した症状が生じ，イタイイタイ病が引き起こされたと考えられている。

23

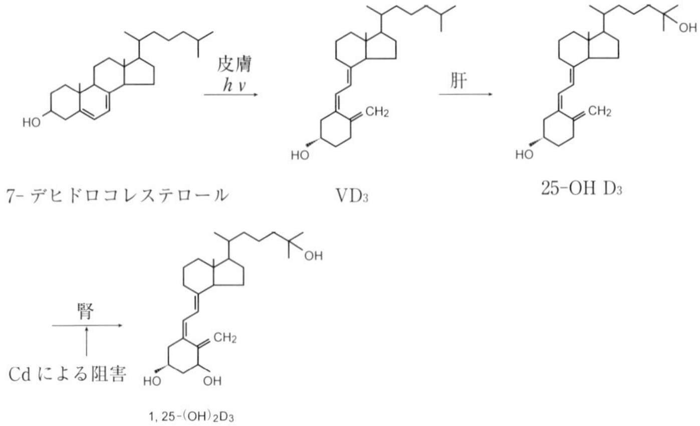

図2-3 ビタミン D₃ の活性化とカドミウムによる阻害

2-1-3 四日市ぜんそく

1960 年頃から三重県四日市市において多数の気管支ぜんそく様の患者が発生し，四日市ぜんそくと呼ばれた。原因は石油コンビナートが硫黄含有量の比較的高い中東原油を使用したこと，燃焼排気をそのまま排出したことにより，大量の硫黄酸化物（二酸化硫黄や硫酸ミストなど）が大気中に排出されたことである。主な症状は，咽頭・喉頭の上部気道炎症，気管支炎，気管支ぜんそく，肺気腫などである。その後，同様の事例が，川崎市，大阪市，尼崎市，横浜市，富士市などで相次いで起こった。

2-1-4 典型 7 公害

公害とは，環境基本法において「事業活動，その他の人の活動に伴って生ずる相当範囲にわたる大気汚染，水質汚濁（水質以外の水の状態または水底の底質が悪化することを含む），土壌汚染，騒音，振動，地盤沈下（鉱物の採掘のための土地の掘さくによるものを除く），悪臭によって，人の健康または生活環境に係わる被害が生ずること」と定義されており，これら人の健康に係わる 7 つを典型 7 公害と呼ぶ。さらに人の活動の結果として生み出され，公衆や地域社会に有害な結果を及ぼす現象も公害として幅広く捉えられる。例えば，建築物による日照阻害，放送電波の受信障害などの生活環境に関するものが該当する。

図 2-4 には，わが国における公害苦情件数の経年変化を示した。苦情件数は大気汚染，騒音，悪臭，水質汚濁の順に多い。大気汚染や悪臭に関する苦情が徐々に減少しているが，騒音に関するものは増加傾向にある。

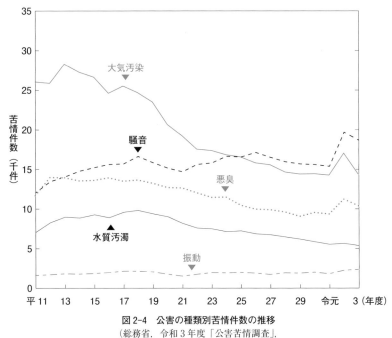

図2-4 公害の種類別苦情件数の推移
（総務省，令和3年度「公害苦情調査」，
https://www.soumu.go.jp/kouchoi/knowledge/report/main.html）

コラム　**ヒ素による健康障害**

　ヒ素による健康被害の事例として，1955年に岡山県や広島県を中心とする西日本において，粉末ミルクを飲んだ乳児に発熱，下痢や嘔吐，皮膚の黒化，肝腫，腎障害などの症状が現れる中毒事件（ヒ素ミルク事件）が発生した。粉末ミルクの乳質安定剤に混入していたヒ酸ナトリウム Na_3AsO_4 による中毒事件であり，乳児のヒ素摂取量は1日あたり1～3mgであった。患者の総数は12,000人以上に達し，そのうち131人が死亡した。また1998年には，和歌山県において夏祭りで提供されたカレーにシロアリ駆除に使用する亜ヒ酸 H_3AsO_3 が混入される事件が発生した。67人がヒ素中毒となり，そのうちの4人が死亡した。

　慢性ヒ素中毒の事例として，宮崎県高千穂町土呂久地区（1972年）および島根県津和野町笹ヶ谷地区（1973年）において，慢性ヒ素中毒患者の存在が県の調査により報告された。中毒の原因は休廃止鉱山あるいは精錬所の鉱宰による土壌と河川のヒ素汚染である。中毒の主な症状は，皮膚の角質化や色素沈着などの皮膚症状，多発性神経炎などの神経症状，鼻中隔穿孔などの鼻腔症状である。2013年3月までに，土呂久地区では190人，笹ヶ谷地区では21人が認定されている。

　有機ヒ素化合物による健康被害事例としては，2003年に茨城県で旧日本軍の化学兵器が原因と考えられる井戸水の有機ヒ素化合物（ジフェニルア

ルシン酸）による汚染が発生している。汚染された井戸水の利用者には，頭痛や立ちくらみ，歩行困難などの中枢神経症状が現れている。

コラム　アジアのヒ素中毒

　近年のアジア諸国では，地下水のヒ素汚染が問題となっている。これは人口の急増による食糧増産において，不足する灌漑水を地下水，特に深井戸（100～300 m）に依存することが増えたため，地中にあったヒ素が滲出したことが原因であると考えられている。インドとバングラデシュの国境付近における地下水のヒ素汚染では，推定2,000万人の住民が被害を受けている。インドの西ベンガル地方の患者数は，約20万人といわれ，飲料水から平均値0.25 ppm（最高値3.7 ppm）のヒ素が検出されている。なお，水道水のヒ素の水質基準値は0.01 ppmである。この他に，台湾南部や中国のモンゴル地区などでも地下水汚染を原因とする大規模なヒ素中毒が報告されている。

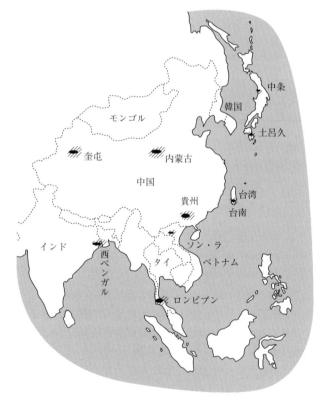

アジアのヒ素中毒地図

アジアのヒ素中毒事例

国名・場所	発見年	患者数	原因	最高ppm	備考
日本・中条	1954	93人	ヒ素工場の地下水汚染	4.0 ppm	28年後に再調査 肺がんの発生率が高い
日本・土呂久	1971	144人	亜ヒ酸焙焼	水に 1.07 ppm	多経路，土壌汚染がひどい
中国・貴州	1953	3,000人	石炭燃焼	石炭に 100～9600 ppm	風土病癩子病 多経路
台湾・台南	1956	13,000人	地下水	1.82 ppm	風土病烏脚病（壊疽）
中国・奎屯 （クイトン）	1980	2,000人	地下水	0.85 ppm	フッ素との複合汚染
インド・西ベンガル	1983	20万人	地下水	3.7 ppm	農業用水のくみ上げ
タイ・ロンピブン	1987	1,400人	スズ鉱山の地下水汚染	4.45 ppm	風土病カイダム （黒い熱病）
内モンゴル	1988	1,600人	地下水	1.8 ppm	フッ素中毒 骨23万人，歯190万人
ベトナム・ソン・ラ	1990	166人	鉱脈	水に 1.14 ppm	多経路

2-2　有機ハロゲン化合物による環境汚染

2-2-1　ポリ塩化ビフェニル（PCBs：Polychlorinated Biphenyls）

PCBs はポリ塩化ジベンゾ-p-ジオキシン Polychlorinated Dibenzo-p-dioxins（PCDDs），ポリ塩化ジベンゾフラン（PCDFs：Polychlorinated Dibenzofurans）などとともに地球規模での環境汚染物質である。PCBs は図 2-5 に構造を示すように，ビフェニル骨格に塩素原子が 1～10 個置換した同族体の総称である。理論上は 209 種の同族体が存在するが，PCB 製品中には 132 種が確認されている。

PCBs は 1920 年代の後半から工業的生産が開始され，化学的に安定で耐熱性・絶縁性に優れているため，トランスやコンデンサーなどの絶縁体，熱媒体，プラスチック可塑剤，感圧複写紙など，非常に広範囲な用途で使用されていた。全世界で少なくとも約 150 万 t の PCB 製品が生産され，その 1/3 が環境中に放出されたと考えられている。1968 年に起きた PCBs が混入した食用油の摂取によるカネミ油症事件や PCBs による環境汚染が次第に明らかとなり，わが国では 1972 年に PCBs の製造と使用が中止された。1974 年にはカネミ油症を契機として「化学物質の

> **PCBs の IUPAC ナンバー**
>
> 209 種類の PCBs 同族体には 1～209 の IUPAC ナンバーがつけられている。例えば，3,3',4,4'-Tetrachlorobiphenyl（TetraCB）には 77 が対応しており，3,3',4,4'-tetraCB の代わりに IUPAC77 あるいは CB77 などと呼ばれることが多い。

審査および製造などの規制に関する法律（化審法）」が制定され，新規の化学物質の製造や輸入に際して事前に人の健康を損なうおそれがある化学物質による環境汚染を防止するため審査を行うことになった。PCBsは化審法では第一種特定化学物質に指定されており，許可外の製造と輸入，特定用途以外の使用が禁止されている。また2001年には「ポリ塩化ビフェニル廃棄物の適正な処理の推進に関する特別措置法（PCB特措法）」が制定され，PCB廃棄物を保管する事業者に対して，毎年度の保管および処理状況の都道府県知事への届出，ならびに2023年3月までの処理が義務付けられた。

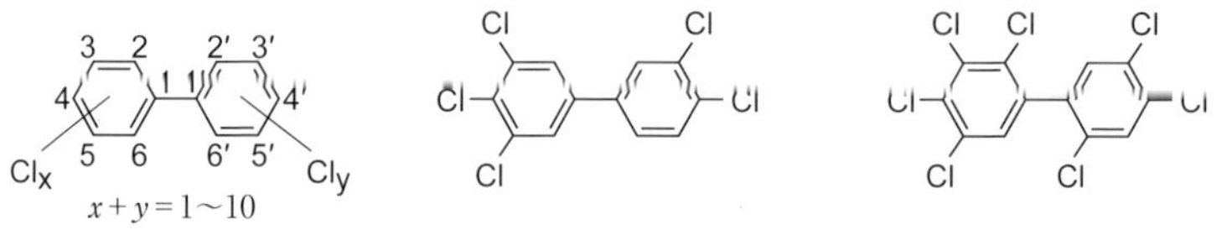

$x+y=1\sim10$

PCBs＊　　3,3′,4,4′,5-PentaCB（CB126）　　2,2′,3,4,4′,5,5′-HeptaCB（CB180）

図2-5　PCBs，3,3',4,4',5-PentaCBおよび2,2',3,4,4',5,5'-HeptaCBの構造

ビフェニル骨格のオルト位（2，2'，6，6'）に塩素原子をもたないPCBsは，共偏平構造をしておりコプラナーPCBsと呼ばれる。オルト位の置換塩素原子数が増えるにつれ，2つのベンゼン環は互いにねじれた配置をとる。PCBs製品中にはオルト位に2～4個の塩素原子をもつPCBsが約80%，モノオルトPCBsが約20%含まれており，コプラナーPCBsは1%以下ときわめて少ない。しかしコプラナーPCBsはPCBs同族体で最強の毒性を示し，毒性学的には重要である。

PCBsや有機塩素系化合物の製造工場の労働者では，従来からニキビ様の発疹（クロルアクネ）を特徴とする皮膚症状などが知られていた。さらに1968年に福岡県と長崎県を中心に発生したカネミ油症事件，1979年に発生した台湾油症事件によって，PCBsのヒトに対する毒性が明らかとなった。カネミ油症事件では，ライスオイル（米ぬか油）製造の脱臭工程で熱媒体として使用されていたPCBs，特にコプラナーPCBsがライスオイルに混入して発生した。

主な症状は目やに，クロルアクネ，爪の黒変，皮膚の色素沈着などであり，患者数は1,850人に達し100人以上が死亡した。最近になり原因のライスオイルから，さらに毒性の強いPCDFs（図2-6）が検出され，これが主たる原因物質であることが明らかにされた。PCDFsはダイオキシン類の1つであり，内分泌かく乱化学物質（環境ホルモン）ともみなされている。したがってカネミ油症事件や台湾油症事件は，ダイオキ

台湾油症事件

カネミ油症事件と類似したライスオイルへのPCBs混入による健康被害が，1979年3月，台湾の台中などの中部諸都市を中心に発生した。患者数は2000人を超えた。14年後の1993年に行われた健康調査では，油症患者群においては，女性の貧血症が2.3倍，男性の関節炎が4.1倍，椎間板ヘルニアが2.9倍であった。

ライスオイルの脱臭

ライスオイルの脱臭は高温，定圧のもとで行われる。カネミ油症事件では，ライスオイルを200～250℃に加熱するため，高温のPCBsを熱媒体としてステンレスパイプで循環させていた。

シン類による内分泌系への影響を考えるうえでも重要である。

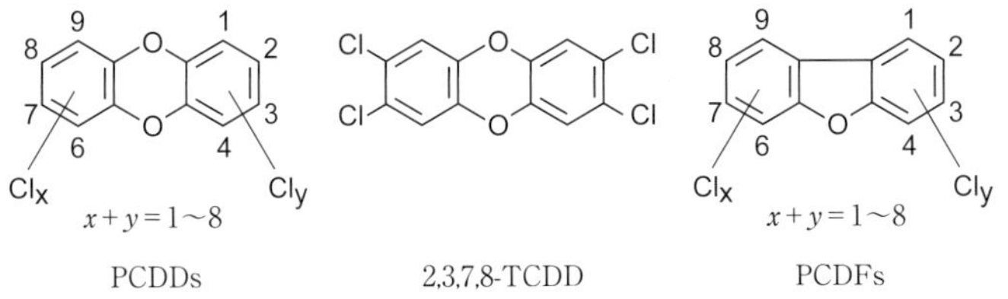

図 2-6　PCDDs，2,3,7,8-TCDD および PCDFs の構造

2-2-2　ダイオキシン類

　PCDDs，PCDFs およびコプラナー PCBs（図 2-6）は，化学構造のみ
ならず，物理化学的性質，毒性やその発現機序が互いに類似しているこ
と，環境中で同様な挙動を示し，環境試料や人組織中に共存して残留す
ることから，ダイオキシン類と総称される。ダイオキシン類の中では，
2,3,7,8-TCDD（2,3,7,8-Tetrachlorodibenzo-p-dioxin，図 2-6）が最強
の毒性を示す。ダイオキシン類は他の環境汚染物質に比べて著しく毒性
が強く，また内分泌かく乱化学物質にも位置付けられている。PCDDs
および PCDFs には塩素原子の置換数および置換位置により，それぞれ
理論的には 75 種，135 種の同族体が存在する。PCDDs や PCDFs は非意
図的生成物であり，農薬などのように目的をもって合成されたものでは
ない。
　わが国におけるダイオキシン類の年間排出量は，1997 年には 6,330 ～
6,370 g-TEQ（Toxicity Equivalency Quantity，Toxicity Equivalent，毒
性等量）であり，主として塩素を含んだ一般廃棄物の焼却施設から排出
されていた。その後は，廃棄物の適正な焼却（例えば，十分な酸素存在
下での 800 ℃以上の高温燃焼）などによって年々減少し，2015 年には
118 ～ 120 g-TEQ となっている。
　焼却以外のダイオキシン類の発生源としては，次のようなものがある。
フェノキシ系除草剤 2,4,5-T（2,4,5-Trichlorophenoxyacetic Acid）を製
造する過程では，副産物として 2,3,7,8-TCDD が生成し（図 2-7），
PCBs を製造（ビフェニルに高温下塩素ガスを付加）する際には少量（3
～ 20 µg/g）の PCDFs が生成する。また，欧米では主に木材防腐剤とし
て，日本では 1975 年頃まで水田除草剤として使用されていたペンタク
ロロフェノール Pentachlorophenol（PCP）には，PCP が縮合して生成
した OctaCDD，HeptaCDDs，HexaCDDs などの PCDDs が不純物とし
て含まれる。1980 年代後半には，紙パルプ工場の排水や汚泥から

PCDDs と PCDFs が検出され，紙パルプの塩素漂白過程で生成することが明らかになった。ここでは 2,3,7,8-TCDD や 2,3,7,8-TetraCDF の存在割合が比較的高い。

　ベトナム戦争において，米軍は Agent Orange と呼ばれる枯葉剤（除草剤）を南ベトナムに多量に散布した。使用された枯葉剤は 2,4-D (2,4-Dichlorophenoxyacetic Acid) および 2,4,5-T であったが，副産物として 2,3,7,8-TCDD が含まれていた。そのため土壌が広く汚染され，南ベトナムの住民や作戦に参加した兵士には流産，死産，先天奇形の割合が増加した。

　また 1976 年 7 月のセベソ事件は，事故によるダイオキシン汚染として知られている。

枯葉剤汚染の影響

　枯葉剤で汚染された南ベトナムの村では，枯葉剤の散布後には流産の発生が 2～3 倍，奇形児の発生が 10 倍以上増加した。

セベソ事件

　イタリアのセベソにある農薬工場において，枯葉剤である 2,4,5-トリクロロフェノールを製造中に爆発事故が発生し，副産物の 2,3,7,8-TCDD が飛散した。約 3,200 人が被害を受け，飛散した 2,3,7,8-TCDD は 250 g と推定されている。汚染地域では多数の家畜が死亡し，人ではクロルアクネ，一時的な肝肥大，流産率の増加などがみられた。

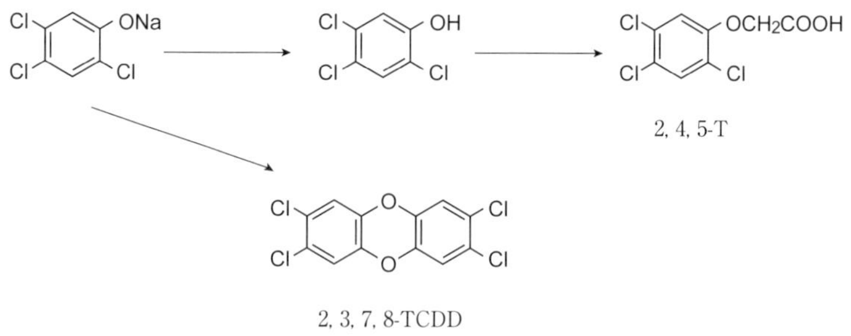

図 2-7　2,4,5-T 製造過程における 2,3,7,8-TCDD の副生

2-2-3　臭素系難燃剤および新たな有機ハロゲン系環境汚染物質

　家電製品や OA 機器などに使用される合成樹脂，パソコンなどのプリント基板，カーテンなどの繊維には，燃焼抑制のために各種難燃剤が添加されている。代表的な臭素系難燃剤として，ポリ臭化ビフェニル Polybrominated Biphenyls (PBBs)，ポリ臭化ジフェニルエーテル Polybrominated Diphenyl Ethers (PBDEs)，テトラブロモビスフェノール A Tetrabromobisphenol-A (TBBPA)，ヘキサブロモシクロドデカン Hexabromocyclododecane がある（図 2-8）。

　PBBs, PBDEs, TBBPA は環境中の底質や魚介類などから検出されているが，特に 2,2',4,4'-Tetrabromodiphenyl Ether などの PBDEs は，体内や血中からも検出されている。このように，近年では臭素系化合物による汚染が明らかにさてきている。また PBBs や PBDEs では，燃焼によってポリ臭化ジベンゾ-p-ジオキシンやポリ臭化ジベンゾフランなどの臭素系ダイオキシン類の生成も指摘されている。

　EU（欧州連合）ではリスク評価に基づき PBBs, ペンタブロモジフェ

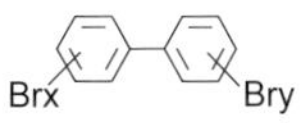

ポリ臭化ビフェニル
PBBs, 209種

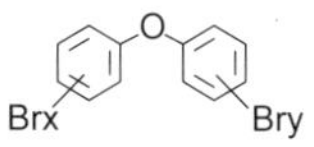

ポリ臭化ジフェニルエーテル
PBDEs, 209種

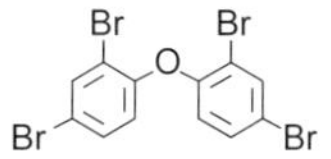

2, 2′, 4, 4′-tetrabromodiphenyl ether
（BDE47）

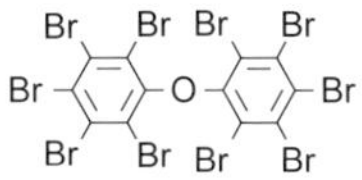

オクタブロモジ
フェニルエーテル

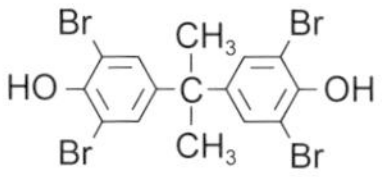

テトラブロモビスフェノールA
TBBPA

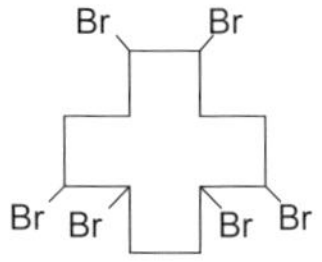

ヘキサブロモシクロドデカン

図2-8　主な臭素系難燃剤

ニルエーテル，オタクブロモジフェニルエーテルの使用を禁止している。
わが国ではPBBsおよびペンタブロモジフェニルエーテルの生産・輸入を
自主規制している。また最近ではパーチ（スズキ類の魚）やアザラシな
どから，Tris（4-Chlorophenyl）Methanol, Tris（Chlorophenyl）Methane,
Bis（4-Chlorophenyl）Sulfone（図2-9）などの化学物質が検出されてい
る。さらには有機フッ素系化合物（PFAS）として，ペルフルオロオクタ
ン酸Perfluorooctanoic Acid（PFOA）やペルソルオロオクタンスルホン酸
Perfluorooctanesulfonic Acid（PFOS）による世界規模での汚染が広がっ
ている（図2-9）。このような新たな環境汚染物質について，人や哺乳動
物に及ぼす影響を明らかにすることが今後の課題となっている。

PFAS

PFASとはペルフルオロア
ルキル化合物（Perfluoroal-
kyl Substances）およびポリ
フルオロアルキル化合物
（Polyfluoroalkyl Substances）
のことであり，4700種類以上
の人工的に合成された有機フッ
素系化合物群の総称であ
る。PFASの代表的なものは
PFOAとPFOSであり，撥
水剤，消火剤，コーティング
剤などとして用いられてき
た。しかし，環境中で分解さ
れにくく，また蓄積性も高い
ため，両化合物とも残留性有
機汚染物質（POPs）に指定さ
れている。

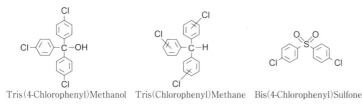

Tris(4-Chlorophenyl)Methanol　Tris(Chlorophenyl)Methane　Bis(4-Chlorophenyl)Sulfone

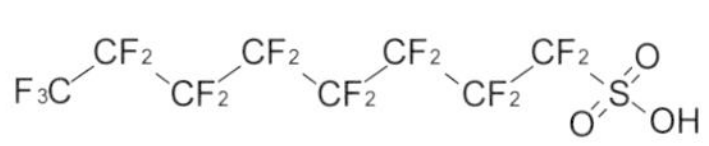

PFOS 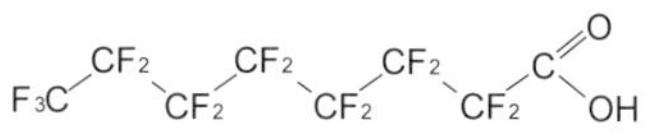　　　　　　　　　　　　PFOA

図2-9　新たな環境汚染物質

　トリクロロエチレンやテトラクロロエチレンなど，各種の洗浄剤とし
て使用されている低分子脂肪族有機塩素化合物は，蓄積性は低いものの
難分解性と長期毒性を有することから，化審法で第二種特定化学物質に
指定され，環境基準や水道法の水質基準で規制されている。また内分泌
かく乱化学物質と言われている化合物には有機ハロゲン系のものが多

い。さらにオゾン層破壊物質はいずれも有機ハロゲン化合物である。このように有機ハロゲン化合物は有用であると同時に注意すべき環境汚染物質である。

2-3 内分泌かく乱化学物質（環境ホルモン）

従来の化学物質による環境汚染とは性質を異にする新たな問題として，内分泌かく乱化学物質による野生生物や人の生殖機能などへの悪影響が問題となっている。内分泌かく乱化学物質とは生体の恒常性，生殖，発生あるいは行動に関与する種々のホルモンの合成，貯蔵，分泌，体内輸送，受容体結合，ホルモン作用あるいはクリアランス（分解・排泄）などの過程を阻害する外因性の化学物質であり，体内に取り込まれると女性ホルモン（エストロゲン）様作用，抗男性ホルモン（抗アンドロゲン）作用，甲状腺ホルモン様作用などを示す。

内分泌かく乱作用が疑われている化学物質には，PCDDs，PCDFs，PCBs，PBBs などの高残留性環境汚染物質，DDT やエンドサルファンなどの農薬，ビスフェノール A やスチレンなどの樹脂原料，フタル酸ジブチルなどのプラスチック可塑剤，ノニルフェノールなどの界面活性剤，ベンゾ [a] ピレンなどの多環芳香族炭化水素，トリブチルスズなどの有機スズ化合物がある。さらには合成エストロゲンなどの医薬品（図2-10），クメストロールなどの植物性エストロゲン（図2-11）を含めると 100 種類以上となる（表2-2）。

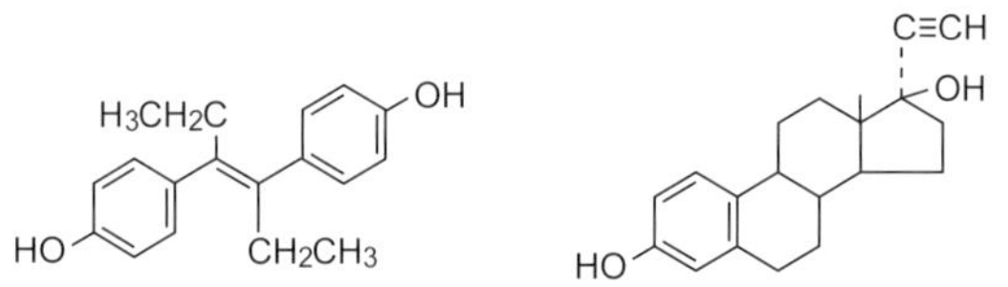

ジエチルスチルベストロール（DES）　エチニルエストラジオール

図2-10　合成エストロゲン

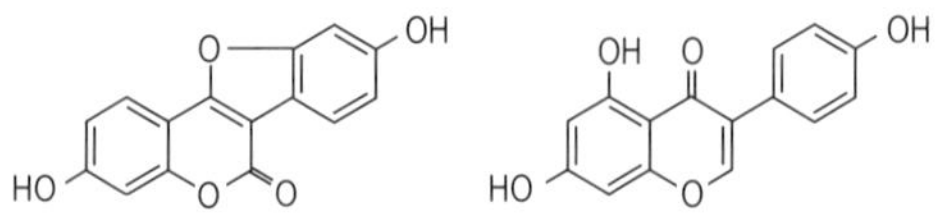

クメストロール　　　　　　　ジェニスタイン

図2-11　植物性エストロゲン

表 2-2　内分泌かく乱作用が疑われている化学物質

ダイオキシン類	PCBs，PCDFs，PCDDs
難燃剤	ポリ臭素化ビフエニル（PBBs）
有機塩素系農薬	DDT，DDE，エンドサルファンなど
多環芳香族炭化水素	ベンゾ［*a*］ピレン
水酸化体代謝物	PCB OH，PBB OH
合成エストロゲン	ジエテルスチルベストロール（DES）
	エチニルエストラジオール
樹脂原料	ビスフェノール A，スチレン
界面活性剤	ノニルフエノール，4-*tert*-ブチルフェノールなど
可塑剤	フタル酸ジブチル，フタル酸ブチルベンジル
船底防汚塗料	フタル酸ジ（2-エチルヘキシル）
植物性エストロゲン	有機スズ化合物（トリブチルスズ，トリフェニルスズ）

2-3-1　内分泌かく乱化学物質の種類と作用

(1)　PCBs とダイオキシン類

　PCBs やダイオキシン類は，個体数の減少や免疫機能の低下などの内分泌かく乱作用を示す物質と推定されている。例えば，台湾油症患者（PCDFs を経口摂取）から生まれた子供では知能低下などの異常が報告されている。しかし，この神経障害と PCDFs の内分泌かく乱作用との関連性は十分には解明されていない。1970 年代の後半には，米国においてパルプ製紙工場の排水が原因と思われるカダヤシ（メダカに似たタップミンノオ科の魚）の雌の雄化がみつかった。製紙工場の排水には PCDDs や PCDFs が含まれていたが，雄化の原因となった物質は特定されてない。

　北欧におけるミンクやカワウソの個体数の減少，北海におけるアザラシの大量死は，PCBs などの有機塩素系環境汚染物質が原因とみなされている。また高濃度の PCBs で汚染された魚を多く食べた母親から生まれた子供では，神経障害（異常な行動，知能指数の低下，記憶力の低下など）が報告されている。

(2)　有機塩素系農薬

　1960 年代に猛禽類（ハヤブサ，イヌワシなど）の卵殻が薄くなり，孵化の際に卵が割れて繁殖が低下するという異常が観察されたが，これは殺虫剤として使用されていた DDT の代謝物である DDE（図 2-12）によって，カルシウム分泌を調節する性ホルモンのバランスが乱れ，カルシウム不足がもたらされた結果だと考えられている。また 1970 年代には米国の DDT 汚染がひどい地域において，カモメの雄雌の性比の不均衡や雌同士がペアとなる現象がみられている。1980 年には米国のフロリダ

州において，DDTを含む農薬が化学工場から流出し，アポプカ湖に流れ込む事故が発生した。この汚染事故以降，湖では若いワニの生息数が減少し，卵の孵化率が低下した。また若い雄ワニでは，その大半でペニスが正常の半分以下となった。さらに雄ワニではエストロゲンが高い値を示すなどの脱雄化の現象がみられ，雌ワニでは性ホルモンのバランスの変動や生殖器官の変化がみられた。ワニの卵や組織からはDDEが高濃度で検出されたが，DDTがエストロゲン様作用を示すのに対して，その代謝物であるDDEはアンドロゲン受容体に結合して抗アンドロゲン作用を示すことが知られている。

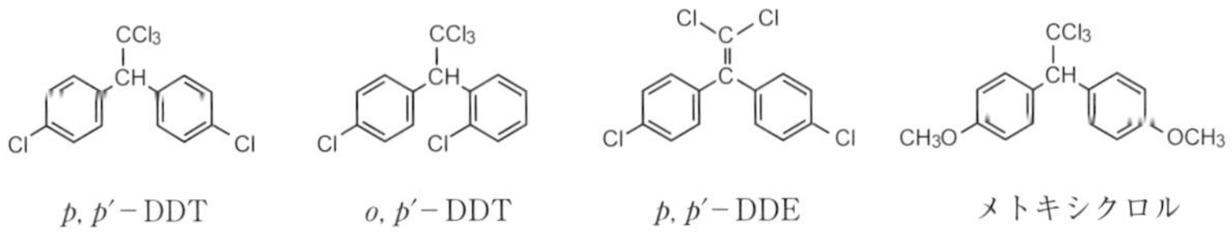

図2-12　DDT関連化合物

(3)　有機スズ化合物

　日本の沿岸海域では海産巻貝の一種であるイボニシやバイの雌に雄の生殖器官であるペニスや輸精管が発現（このような現象，およびその個体をインポセックスという）し，産卵障害を伴う現象がみられている。インポセックスはイギリスや米国の沿岸海域でも観察されている。これの原因物質は船底塗料や漁網防汚剤に使用されていたトリブチルスズ（TBT），トリフェニルスズ（TPT），ビス（トリブチルスズ）オキシド（TBTO）などの有機スズ化合物（図2-13）である。これらの有機スズ化合物は，核内受容体の一種であるレチノイドX受容体への結合を介して作用を発揮する。またエストロゲン生合成のキーとなる酵素の活性も阻害する。化審法において，TBTOは第一種特定化学物質，TBTとTPTは第二種特定化学物質に指定されている。

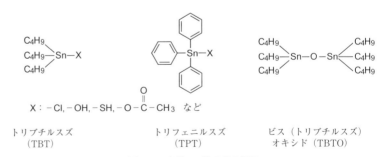

図2-13　有機スズ化合物の構造

(4) 合成エストロゲン

ジエチルスチルベストロール（DES）（図2-10）は，1960～1970年代に切迫流産防止などの目的で使用された医薬品（合成エストロゲン）であり，日本薬局方にも収載されていた。しかしDESを使用した母親から生まれた女児において，成長した際に膣がんの発生がみられたこと，男児ではペニスの矮小化や精巣の未成熟などがみられたことから，1970年代には使用が禁止され，日本薬局方から除外された。

2-4 環境汚染物質の毒性

2-4-1 重金属の毒性

金属の中で比重が4あるいは5以上のものを重金属と呼んでいる。このうち鉄，亜鉛，銅，コバルトなどは生体の生理機能や恒常性の維持に必須である。しかしながら，たとえ必須な元素であるとしても，過剰量が生物体内に取り込まれた場合には毒作用が現れる。一方，水銀とカドミウムは生体への必須性がまったく認められていない重金属であり，代表的な汚染重金属である。

重金属は通常の化合物中ではイオン化しており，経口あるいは経気道で体内に摂取された重金属イオンは，タンパク質や酵素のアミノ基，カルボキシル基，チオール基と強い親和力で結合する。また金属酵素の活性中心においては，必須の金属イオンと置換したり，そこに誤って取り込まれたりする。その結果として，タンパク質の立体構造や機能，酵素の活性発現に重大な影響を与え，細胞機能の阻害や組織の障害などを引き起こす。したがって重金属の急性の毒作用としては，接触部位の壊死や潰瘍，それらに伴った消化器，呼吸器，腎臓の障害が一般的である。これに対して，微量の重金属が長期間にわたって繰り返し体内に取り込まれた場合には，重金属の化学形や標的臓器への蓄積性などが相互に関連するため，毒作用の現れ方は複雑となる（表2-3）。

(1) 水　　銀

水銀は常温で液体となる唯一の重金属であり，比重が鉄よりも大きく，金属との合金をつくりやすいことから様々な用途に用いられてきた。近年においても消毒薬（マーキュロクロムやチメロサールなど），農薬（稲イモチ病の防除に用いられた酢酸フェニル水銀など），有機合成の際の触媒，温度計，体温計，苛性ソーダ製造における電極など，非常に広い範囲で利用されていた。しかし水俣病を契機として水銀の毒性への関心

必須微量元素

生体を構成する元素は含有量によって，多量元素（酸素，炭素，水素，窒素の4元素），少量元素（リン，硫黄，カルシウム，カリウム，ナトリウム，塩素，マグネシウムの7元素），および微量元素に分類される。微量元素のうち，鉄，ヨウ素，銅，マンガン，亜鉛，コバルト，モリブデン，セレン，クロムの9元素は，人にとっては生命の維持，生体の発育・成長，正常な生理機能に必須な元素である。この他，鉛はラットの成長や繁殖に必須な元素であり，ヒ素はラットの成長，ヤギやヒツジなどの草食動物の繁殖に必要な元素である。

表 2-3　金属の慢性中毒における主な標的臓器と症状

金　　属	標的臓器	症　　状
カドミウム	肺，腎	肺気腫，腎障害（尿細管機能障害）
鉛（無機鉛）	骨（造血器）	貧血
水銀	神経系（中枢，末梢），腎	中枢神経症状（不安感など）
金属水銀		末梢神経症状（手足のしびれ）
		腎障害
無機水銀	腎	腎障害（糸球体腎炎など）
メチル水銀	中枢神経系	中枢神経症状（視野狭窄，運動失調など）
ヒ素	皮膚，肺	皮膚障害（角化症，色素沈着，皮膚がん），肺がん
六価クロム	上気道，肺	鼻中隔穿孔，肺がん
ベリリウム	肺	肺肉芽撞

（澤村良二ほか，『環境衛生学』，南江堂）

が高まり，また金属水銀や無機水銀が環境中で生物学的あるいは非生物学的にメチル水銀に変換されることが明らかになり，現在では農薬や触媒としての水銀化合物の利用は禁止されている。

　水銀は蒸気圧が高いため，火山の噴火や地殻変動によって大気中に排出され，それが雨とともに地表に降り，土壌や河川・海域に移動する。一般には大気中や環境水中の水銀濃度は低く曝露が問題となることはない。しかし，環境微生物によってメチル化されると生物濃縮を受ける。マグロなどの大型魚の体内からは高い濃度のメチル水銀が検出されるが，マグロ肉を摂取してもメチル水銀中毒は発生しない。セレン化合物は，まだ解明されていない作用機序によってメチル水銀の毒性を軽減させるが，マグロ肉にはメチル水銀とともにセレンも豊富に含まれている。

　金属水銀の毒性は，常温付近ではほとんど問題がないとされており，かつてはアマルガムとして歯科治療に使われていた。しかし高温で水銀蒸気となった場合には，脂溶性が高いため，吸入されると血液‐脳関門を通過してメチル水銀と同様の中枢神経障害を生じさせる。水銀精錬作業者では中毒が報告されている。

　硫酸水銀や塩化水銀などの無機水銀化合物は，急性毒性として胃痛，吐血，下痢などの消化器症状が知られている。しかし消化管からの吸収率は比較的低く，また体内に吸収されても脳内に移行することはない。体内に摂取された無機水銀は，メタロチオネインとして腎臓に蓄積するが，長期間の摂取によってメタロチオネインが飽和すると遊離し，慢性毒性として腎臓の機能障害を生じさせる。特に近位尿細管の上皮細胞が強く傷害される。

　生物体内に摂取された重金属はそれ以上分解されることはない。しかしながら，その多くはシステインを30％も含む特殊なタンパク質であるメタロチオネインと結合する。メタロチオネインと結合している重金属は，イオンとしての挙動が封じ込められるため，生体成分に対する毒作用を発揮できない。したがってメタロチオネインは，重金属の解毒および中和に関与していると考えられている。また亜鉛などの必須元素では，メタロチオネインは生物体内における重金属の再分布にも寄与している。メタロチオネインは亜鉛，銅，水銀，カドミウムなど，多くの重金属によって産生誘導を受けるが，鉛では産生が誘導されない。

　メタロチオネインは，ウマの腎皮質より単離された重金属（カドミウム，亜鉛，銅）と硫黄を多く含むタンパク質に対して名付けられたが，現在では哺乳動物から酵母，カビに至るまで，その存在が認められている。この特殊なタンパク質は，次のような共通の性質を持っている。1）低分子量（6,000～7,000）である。2）金属含量（1分子あたり7原子）が高い。3）特定のアミノ酸組成を持つ（システイン含有量が高く，芳香族アミノ酸を含まない）。4）重金属とチオール基との結合による光学特性を持つ。5）特定のアミノ酸配列を持つ。

　有機水銀は無機水銀に比べると吸収されやすいが，中でも炭素数が最も少ないメチル水銀は最も吸収されやすく，消化管からはほぼ100％吸収される。メチル水銀は脂溶性であること，体内ではシステインと複合体を形成してメチオニンと類似した立体構造をとり，アミノ酸輸送体に認識されることから，血液 - 脳関門を通過して中枢神経へ移行する。そのため中枢神経において神経毒としての影響が強く現れる。四肢末端の知覚障害にはじまり，求心性視野狭窄，小脳性運動失調，言語障害，聴力障害などの症状が現れる。解剖学的には大脳基底核，皮質，小脳などの神経細胞に萎縮や脱落が起こる。したがって，メチル水銀への暴露が消失した後も症状は残る。メチル水銀は胎盤も容易に通過する。しかも胎児への毒性が非常に強く，母親が無症状であっても精神発達遅延滞や脳性麻痺様の障害をもった子供が生まれることがある。

　摂取されたメチル水銀は，主に肝臓でアセチル抱合，システイン抱合あるいはグルタチオン抱合され胆汁中に排泄される。その一部は糞便中に排泄されるが，腸管で再吸収されやすく腸肝循環を繰り返すため，対外には排泄されにくい。メチル水銀の生物学的半減期は約70日である。毛髪もメチル水銀の排泄先である。毛髪中のメチル水銀濃度は血中濃度をよく反映しており，メチル水銀暴露の程度を知ることができる。

　フェニル酢酸水銀などのアリル型有機水銀は，消化管からの吸収率は

高いが，体内では無機水銀に分解されやすい。したがって，中枢神経系に対する毒性は顕著ではなく，無機水銀と類似した毒性を示す。

> **コラム　水銀に関する水俣条約**
>
> 水銀による環境汚染や健康被害の防止を目的とした国際条約であり，2013年10月に熊本市で開催された外交会議で採択され，2017年8月に発効された。
>
> 水銀および水銀を使用した製品の製造と輸出入の厳格な制限，新規水銀鉱山の開発禁止，歯科用水銀合金（アマルガム）の使用の削減，水銀を含む廃棄物の適正処理，大気中へ水銀を排出する石炭火力発電所などへの水銀除去技術の採用などが主要な内容となっている。

(2)　鉛

鉛は精錬が容易であること，低融点でやわらかく加工しやすく，表面に酸化被膜を形成して腐食しにくいことから，古代から様々な用途に用いられてきた。現在では蓄電池の電極や鉛ガラス（クリスタルガラス），合金材料，放射線の遮へい材などに用いられている。日本人の鉛の1日摂取量は $100 \sim 500\,\mu g$ であり，その大部分は食品や飲料水から経口的に摂取される。鉛はカルシウム輸送系を介して吸収され，消化管での吸収率は約15％，肺での吸収率は約40％である。小児の消化管からの吸収率は約50％に達し，子供に対する暴露は重要な問題となる。吸収された鉛は血液を経て各組織に分布する。体内の鉛の総量は約 $60 \sim 140\,mg$ であるが，石灰化組織のカルシウムと置換して沈着するため，大部分（90％）は骨に蓄積している。骨に蓄積した鉛の残留性は高く，人における生物学的半減期は約10年とみなされている。骨以外にも肝臓，腎臓，筋肉，毛髪に高い濃度で分布する。体内の鉛は腎臓を経て主に尿中に排泄されるが，胆汁や消化管を経て糞便中にも排泄される。女性の骨に蓄積した鉛は，妊娠期に移行して胎盤を通過し，胎児の暴露源となる。

鉛の亜急性，慢性毒性として造血障害，神経障害，腎障害などが知られている。このうち，造血障害は鉛中毒の典型的な症状であり，血中で溶血反応を起こすこと，骨髄でヘムの生合成を阻害することから貧血を引き起こす。したがって鉛中毒者では蒼白な顔となる。ヘムの生合成過程において鉛は，δ-アミノレブリン酸からポルホビリノーゲンを生成する δ-アミノレブリン酸脱水酵素（ALAD），Fe^{3+} を Fe^{2+} へ還元する還元酵素の作用を阻害する（図2-14）。このような機序であるため，鉛中毒者では血中や尿中に δ-アミノレブリン酸が増加する。また理由は明

らかでないが，コプロポルフィリンの尿中排泄量も増加する。したがって尿中の δ-アミノレブリン酸やコプロポルフィリンを定量することにより，鉛暴露のレベルを知ることができる。

　鉛による神経障害では中枢神経と抹消神経に障害がみられる。中枢神経障害としては頭痛や不眠などがある。小児に対する低濃度暴露は重要であり，小児では血液-脳関門が未発達なため，容易に脳へ移行して脳障害を起こすことがある。脳障害では落ち着きがない，自分勝手な行動をする，などの症状が現れる。成人では抹消神経障害として，手指の運動障害などがみられる。また腎障害では，近位尿細管の損傷や糸球体の硬化などが観察される。

　ガソリンのアンチノック剤として使用されていた四エチル鉛は，無機鉛に比べて脂溶性が高く，経気道あるいは経皮で吸収され，血液-脳関門を通過して脳に移行する。そのため不眠，頭痛，嘔吐，幻覚などの中枢神経障害が起こる。

（3）ヒ　素

　地殻中に広く分布するヒ素は，火山活動の他，鉱石や化石燃料の採掘などの人為的活動によって環境に放出される。ヒ素化合物はルイサイトなどの化学兵器（毒ガス）に利用されただけでなく，殺鼠剤や防腐剤などにも用いられた。また人類が初めて合成・開発した化学療法剤サルバルサン（梅毒の治療薬）は有機ヒ素化合物である。

　無機ヒ素化合物の毒性は，3価のヒ素化合物（例えば，三酸化二ヒ素 As_2O_3 やメタ亜ヒ酸ナトリウム $NaAsO_2$）の方が，5価のヒ素化合物（五酸化二ヒ素 As_2O_5 やヒ酸塩）よりも強い。これは3価のヒ素がタンパク質や酵素のチオール基に強く結合して，機能や活性を阻害するためと考えられている。無機ヒ素は消化管から吸収された後，肝臓，腎臓，脾臓，肺，消化管などに移行するが，メチル化を受けて有機ヒ素化合物となり，すぐに尿中へ排泄される。しかしメチル化される量には限界があり，骨の他，ケラチンに富む皮膚，毛髪，爪などに蓄積していく。したがって毛髪や爪はヒ素の慢性中毒の診断に用いられる。

　慢性毒性としては，嘔吐，呼吸器（気管支炎），皮膚（角質化，色素沈着），肝臓，腎臓，心臓血管系，神経系（頭痛，末梢神経炎，知覚麻痺）など多くの組織に対する障害がみられる。また発がん性（肺がん，皮膚がん）や催奇形性も認められている。

　ヒ素は海洋生物中にも存在する。ヒジキ，ワカメ，コンブなどの褐藻類にはメチルアルソン酸やジメチルアルソン酸，エビやサメ筋肉中には

ルイサイトの解毒

　ヒ素がシステインのチオール基と結合するという性質を利用して，びらん剤（皮膚をただれさせる化学兵器）であるルイサイトの解毒剤として，BAL（ブリティッシュアンチルイサイト）が開発された。

　BALはジメルカプロールともいわれ，ヒ素や水銀の解毒剤としても使用される。

```
      H-C-Cl
        ‖
        C-H
        |
    Cl-As-Cl
     ルイサイト
        +
     CH2-SH
        |
     CH-SH
        |
     CH2-OH
        BAL
         ↓
CH2-S
   |     As-CH=CHCl+2HCl
CH-S
   |
CH2-OH
```

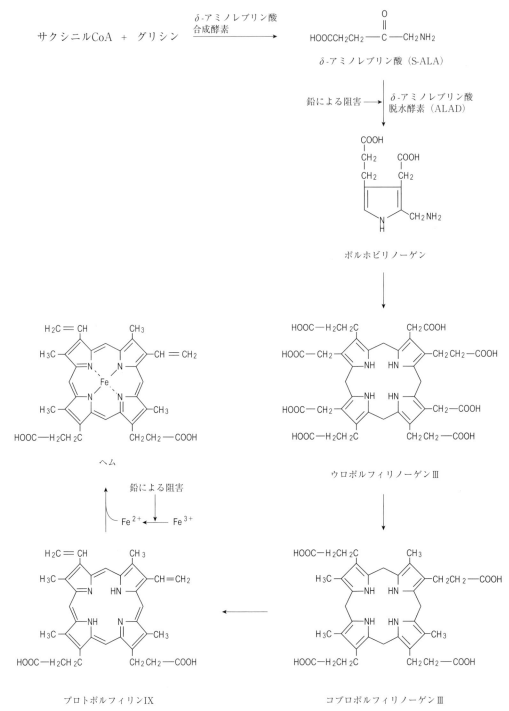

図2-14 ヘム生合成と鉛による阻害

アルセノベタインといった有機ヒ素化合物が存在する（図2-15）。有機ヒ素化合物はヒジキやワカメなどには比較的高濃度（0.1 mg/g）に含まれるが，これを喫食することによる中毒は報告されておらず，これら化合物の毒性は小さいと考えられる。

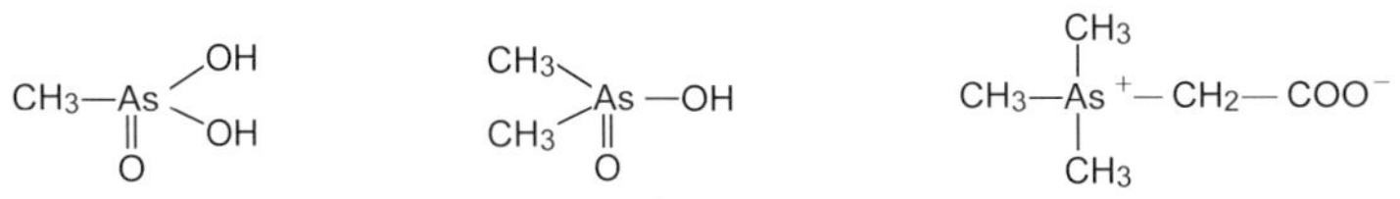

メチルアルソン酸	ジメチルアルソン酸	アルセノベタイン

図2-15　海洋生物中の有機ヒ素化合物

（4）　カドミウム

カドミウムは亜鉛と化学的性状が似ているため亜鉛鉱石に含まれる。日本人のカドミウムの1日摂取量は $60 \sim 80\,\mu g$ であり，その大部分は穀物や野菜類などから摂取される。わが国ではコメから摂取する割合が高く，食品衛生法によって，コメ（玄米および精米）についてはカドミウムの基準値が 0.4 ppm 以下に定められている。しかし消化管での吸収率は低く 1 〜 6 ％である。体内のカドミウムの総量は約 30 mg であるが，メタロチオネインとの複合体として，腎臓に約 1/3，肝臓に約 1/6 が蓄積している。この複合体は糸球体でろ過されるが，尿細管で再吸収される。ところが，これ以降の排泄経路が存在しないため，カドミウムは主に尿細管上皮細胞に蓄積する。生物学的半減期は 10 〜 30 年と長く，加齢とともに蓄積がみられる。

急性毒性として，経口摂取では嘔吐，下痢，腹痛などの消化器障害を生じ，労働環境下での酸化カドミウム（CdO）や炭酸カドミウム（$CdCO_3$）の粉じん吸収では肺気腫を起こす。肺からの吸収率は 10 〜 40 ％である。

慢性毒性としては，労働環境下での肺気腫，腎障害，骨障害（擬骨折，軟骨化）が知られている。特にカドミウムの高蓄積性と関連した腎障害（腎糸球体，近位尿細管の損傷）は重要である。カドミウムの長期暴露による近位尿細管の障害では，腎臓での再吸収が阻害されることから，低分子量タンパク質（$\beta 2$- ミクログロブリン，レチノール結合タンパク質），アミノ酸，グルコースなどが尿中に排泄される。

（5）　クロム

クロムは地殻に豊富に存在している。消化管からの吸収はわずかであ

るが，経気道や経皮では吸収されやすい。天然のクロムはほとんどが３価であり，糖質，脂質，タンパク質の代謝に関与する必須微量元素である。しかし６価のクロムは毒性が強く，鼻中隔穿孔，アレルギー性皮膚炎，ぜんそくなどの中毒症状を示す。

(6) スズ

スズはイオン化傾向が小さく錆びにくい。しかも展延性に富み，他の金属と合金をつくりやすいため，古代から利用されてきた。銅との合金が青銅であり，鉄をスズでメッキしたものがブリキである。また加工がしやすいため，食器などの日用品にも用いられた。金属スズおよび無機スズは，消化管からの吸収が低く毒性も低い。缶詰のメッキとして使用されていたスズが，酸素や硝酸イオンの存在下，あるいは酸性条件化で溶け出し，吐き気や嘔吐，下痢などの消化器症状を呈した事例はあるが，全身性の毒性や後遺症を生じた事例はない。一方，有機スズ化合物の中には強い毒性を有するものがある。1960年ころから，藻や貝類の付着防止のために，船底塗料や養殖用漁網防汚剤としてTBTやTPTが大量に利用されたが，1980年代後半から魚介類への蓄積・毒性が明らかとなり，わが国では1990年に使用が禁止された。イボニシなどの海産巻貝で報告されたインポセックスは，化学物質の内分泌かく乱作用が注目されるきっかけとなった。

2-4-2　有機ハロゲン化合物の毒性

(1) PCBs

PCBsは多くの同族体からなり，その毒性や生体影響が互いに異なる。そのため個々の毒性は2,3,7,8-TCDDの毒性と比較して表す。すなわち，2,3,7,8-TCDDの毒性を1とした毒性等価係数 Toxic Equivalency Factor（TEF）で示される（表2-4）。またPCBs総体としての毒性を評価する際には，毒性等量（TEQ）を使用する。この値は個々のPCBs同族体の曝露量にTEFを乗じた値の合計である。

PCBsは腸管や皮膚から吸収されるが，一般には塩素数が増えるにつれて吸収率は減少する。体内分布も化学構造による相違がみられ，2,2',4,4',5,5'-HexaCBでは大部分が脂肪組織に蓄積するのに対して，3,3',4,4',5-PentaCBは肝臓に非常に高い蓄積性を示し，2,4',5-TriCBは肺や子宮への親和性が高い。毒性としては体重減少，肝肥大，クロルアクネ，胸腺・脾臓の萎縮，免疫能の低下，浮腫，ニワトリでの心嚢水腫，ポルフィリン症，ビタミンA濃度の低下，脂質代謝異常，発生毒性，神

表 2-4　ヒトおよび哺乳動物に対する PCBs の TEFs（2006 年 WHO）

コプラナー PCBS	IUPAC		TEF	モノオルト PCBS	IUPAC		TEF
3,3',4,4'-TetraCB	77		0.0001	2,3,3',4,4'-PentaCB	105		0.00003
3,4,4'5-TetraCB	81		0.0003	2,3,4,4',5-PentaCB	114		0.00003
3,3',4,4',5-PentaCB	126		0.1	2,3',4,4',5-PentaCB	118		0.00003
3,3',4,4',5,5'-HexaCB	169		0.03	2',3,4,4',5-PentaCB	123		0.00003
				2,3,3',4,4',5-HexaCB	156		0.00003
				2,3,3',4,4',5'-HexaCB	157		0.00003
				2,3',4,4',5,5'-HexaCB	167		0.00003
				2,3,3',4,4',5,5'-HePtaCB	189		0.00003

CB : Chlorinated Biphenyl
PCBS の構造式で置換基は塩素原子を意味する

経系への影響，発がんなど多様な影響がみられるが，これらも PCBs の化学構造によって大きく異なる。またサル，モルモット，ミンクは PCBs に高い感受性を示す。

　PCBs のうちでコプラナー PCBs は強い毒性をもっている。特に両方のパラ位およびメタ位の少なくとも 2 か所が塩素原子で置換された同族体は，2,3,7,8-TCDD に類似した構造をしておりダイオキシン様 PCBs と呼ばれる。例えば 3,3',4,4',5-PentaCB は，動物実験では顕著な体重減少，肝肥大，胸腺・脾臓の萎縮，肝中性脂肪の増加など，いわゆるダイオキシン様作用を示し PCBs 同族体中で最強の毒性を示す。その TEF は 0.1 であり，2,3,7,8-TCDD の 1/10 の毒性を示すが，PCB 製品中には 0.5% 以下しか含まれていない。

　ヒトに対する PCBs の急性毒性は，1968 年のカネミ油症事件および 1979 年の台湾油症事件によって明らかとなった。しかし油症の原因となったライスオイルからは，PCBs の加熱によって生じた Polychlorinated Quarterphenyls（PCQs），Polychlorinated Quarterphenyl Ethers（PCQEs），PCDFs（2,3,4,7,8-PentaCDF，1,2,3,4,7,8-HexaCDF，1,2,3,6,7,8-HexaCDF）など多種類の有機塩素系化合物も検出された。

またPCBsの血中濃度が油症患者よりも高い工場労働者に油症の症状がみられていないため，さらには毒性学的な検討によって，現在では油症の主たる原因物質はPCBsではなくPCDFsであると考えられている。油症ではクロルアクネ，皮膚・粘膜への色素沈着，眼瞼浮腫，眼脂の増加，手足のしびれ感，全身倦怠感，頭痛，咳・痰，月経の変化，血清中性脂肪の増加など多様な症状がみられている。また台湾油症患者から生まれた子供では低体重，陰茎が小さい，初潮が遅い，知能指数が低いなどの現象が観察されている。胎児の脳の発達には甲状腺ホルモンが必要であり，PCBsやPCDFsが性ホルモンや甲状腺ホルモンなどの内分泌系に影響を与え，脳の発達にも影響を及ぼしている可能性が懸念される。

体内において，PCBsは肝ミクロソームのシトクロムP450によって芳香環の酸化を受け，モノ水酸化体，ジオール体，ジヒドロジオール体，メチルスルフィド（MeS）体，メチルスルホキシド（MeSO）体，メチ

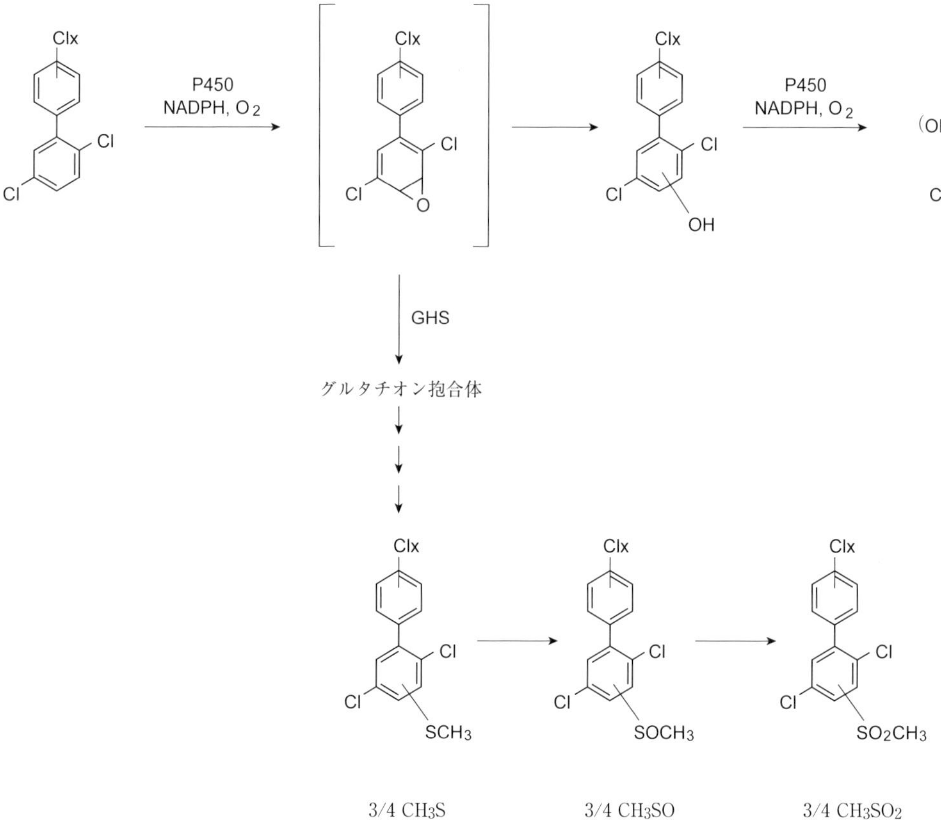

図2-16　PCBsの代謝経路

44

ルスルホン（MeSO$_2$）体などに代謝されるが、主な代謝物はモノ水酸化体およびメチルスルホン体である（図2-16）。PCBsは塩素数が増加するにつれて代謝されにくくなり、一般には四塩素化体以上の高塩素化PCBsは脂肪組織、肝臓、肺などに蓄積する。

　PCBs水酸化体はもとの化合物よりも水溶性であり、胆汁を経て大部分が糞便中に排泄される。しかし特定の化学構造のものは、体外に排泄されず血中に特異的に局在する。チロキシンと類似した化学構造をとる水酸化体（図2-17）は、甲状腺ホルモンの血中輸送担体であるトランスサイレチンTransthyretinに対する親和性が高いため、ヒトを含めた哺乳動物の血中に局在できる。一方PCBsメチルスルホン体は、肝臓、脂肪組織、肺、腎臓などに高い組織残留性を示す。

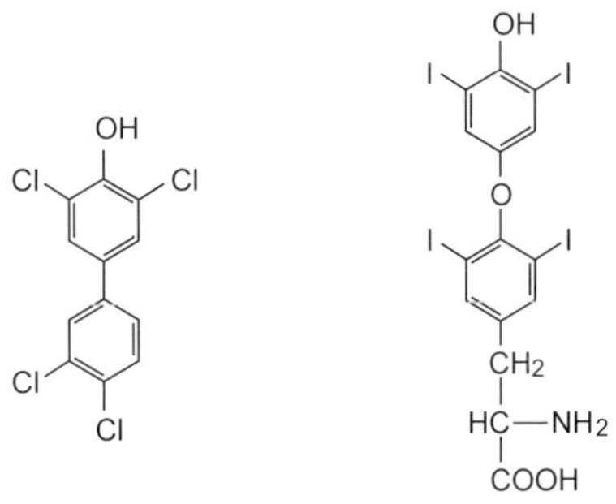

4-OH-3, 3′, 4′, 5-TetraCB　　　　　チロキシン

図2-17　4-OH-3, 3′, 4′, 5-tetraCB とチロキシンの構造

(2)　ダイオキシン類

　PCDDs や PCDFs の毒性も個々の同族体により大きく異なり、2,3,7,8-TCDD の毒性と比較する評価法がとられる（表2-5）。例えば、1,2,3,7,8-PentaCDD の毒性は 2,3,7,8-TCDD と同じであるとみなされ、TEF は1と評価されている。PCDFs の中では 2,3,4,7,8-PentaCDF の毒性が一番強く、TEF は0.3と評価されている。

表 2-5　ヒトおよび哺乳動物に対する PCDDs, PCDFs の TEFs（2006 年 WHO）

PCDDs		TEF	PCDFs		TEF
2,3,7,8-TCDD		1	2,3,7,8-TetraCDF		0.1
1,2,3,7,8-PentaCDD		1	1,2,3,7,8-PentaCDF		0.03
1,2,3,4,7,8-HexaCDD		0.1	2,3,4,7,8-PentaCDF		0.3
1,2,3,7,8,9-HexaCDD		0.1	1,2,3,4,7,8-HexaCDF		0.1
1,2,3,6,7,8-HexaCDD		0.1	1,2,3,7,8,9-HexaCDF		0.1
1,2,3,4,6,7,8-HePtaCDD		0.01	1,2,3,6,7,8-HexaCDF		0.1
OctaCDD		0.0003	2,3,4,6,7,8-HexaCDF		0.1
			1,2,3,4,6,7,8-HePtaCDF		0.01
			1,2,3,4,7,8,9-HePtaCDF		0.01
			OctaCDF		0.0003

CDD : Chlorinated Dibenzo-*p*-Dioxin,　CDF : Chorinated Dibenzofuran
PCDFs, SPCDD の構造式で置換基は塩素原子を意味する

　　ダイオキシン類の急性毒性はきわめて高い。2,3,7,8-TCDD の半数致死量（LD_{50}）は，系統差や投与方法により異なるが，モルモット（雄）が $0.6 \sim 2.0\,\mu g/kg$ で最も小さく，ハムスター（雄）が $1,157 \sim 5,051\,\mu g/kg$ で最も大きい。人については日本と台湾の油症事件では急性の死亡者がいなかったこと，イタリアのセベソ事件では動物は多数が死亡したが，人はクロルアクネなどの皮膚症状のみであったことから，ダイオキシン類への感受性はあまり高くないと考えられている。

　　ダイオキシン類では，低用量でも種々の慢性毒性が現れる。動物実験では体重増加の抑制，胸腺・脾臓の萎縮，肝肥大，肝障害，クロルアクネ，免疫機能低下，生殖障害，催奇形性，発がん性などの生体影響が知られている。発がん性については，不純物として 2,3,7,8-TCDD を含む 2,4,5-T などの除草剤に曝露した農夫，ベトナム戦争退役軍人，化学工場従事者などでは，結合組織・軟部組織（脂肪組織，筋肉，神経など）

の肉腫，リンパ腫，肺がんなどの発生率が上昇している。また催奇形性についても，同じ様に 2,4,5-T などの除草剤に曝露したアメリカ軍兵士の夫婦や南ベトナムの汚染地域では，不妊，早産，流産，奇形児の発生率が高くなっている。ダイオキシン類が示す種々の毒性の発現機序は十分に解明されてはいないが，細胞質に存在する芳香族炭化水素受容体 Aryl Hydrocarbon Receptor（AHR）を介すると考えられている（図 2-18）。例えば，2,3,7,8-TCDD は AHR に結合した後，シトクロム P450 の 2 つの分子種 CYP1A1 と CYP1A2 の産生を強く誘導することが知られている。

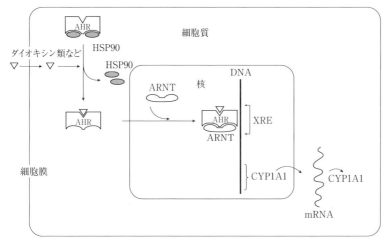

AHR : Aryl Hydrocarbon Receptor, HSP : Heat Shock Protein,
ARNT : AH Receptor Nuclear Translocator, XRE : Xenobiotic Response Element

図 2-18　ダイオキシン類の芳香族炭化水素受容体（AHR）を介する作用

　ダイオキシン類の耐容 1 日摂取量 Tolerable Daily Intake（TDI）として，WHO は 1990 年に 10 pg TEQ/kg/day を設定した。この値は主としてラットの発がん実験における無毒性量 No Observable Adverse Effect Level（NOAEL）1 ng/kg/day に基づいて設定された。その後，1998 年には WHO が TDI を 1～4 pg TEQ/kg/day に変更し，日本は 1999 年に TDI を 4 pg TEQ/kg/day と定めた。なお WHO は，2001 年には 1 pg TEQ/kg/day に再度変更している。

　2021 年度の調査によれば，日本人の食品や環境からのダイオキシン摂取量は WHO の基準値を下回る 0.45 pg TEQ/kg/day である（図 2-19）。このうち 0.44 pg TEQ/kg/day は食品からの摂取であり，環境（大気や土壌など）からの摂取は非常に少ない（図 2-19）。食品のうちでは，魚介類（90％）から最も多く摂取しており，肉・卵，調味料，砂糖・菓子

ADI と TDI

　ある化学物質に関して，人が一生涯を通して毎日摂取し続けたとしても有害作用が発現しないと考えられる 1 日当たりの量を 1 日許容摂取量 Acceptable Daily Intake（ADI）という。食品添加物や残留農薬に適用される ADI では，実験動物を用いた毒性試験から算出された NOAEL に対して，個体差に関する係数として 1/10，種差に関する係数として 1/10，あわせて 1/100 の安全係数を適用している。一方，人に対する用途がない環境汚染物質やダイオキシン類などの非意図的化学物質に関しては，ADI と同様にして NOAEL から TDI が算出されるが，ADI 算出における安全係数に相当するものとして不確実係数が用いられる。

の順となっている（図2-19）。また食品からのダイオキシン類の摂取量は減少傾向が続いている（図2-20）。しかし乳児においては，摂取量がTDIを越えていると考えられており，胎児や乳児に対するダイオキシン類の影響が憂慮される。

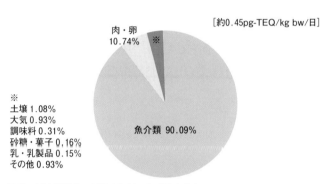

※
土壌 1.08%
大気 0.93%
調味料 0.31%
砂糖・菓子 0.16%
乳・乳製品 0.15%
その他 0.93%

資料：厚生労働省、環境省資料より環境省作成

図2-19　日本におけるダイオキシン類の1人1日摂取量（2021年度）
（環境省「環境・循環型社会・生物多様性白書　令和5年版」）

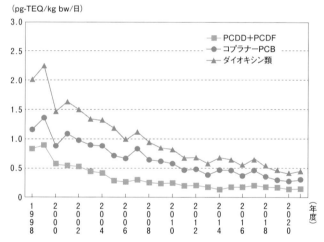

資料：厚生労働省「食品からのダイオキシン類一日摂取量調査」

図2-20　食品からのダイオキシン類の1日摂取量の経年変化
（環境省，「環境・循環型社会・生物多様性白書　令和5年版」）

(3)　トリクロロエチレン，テトラクロロエチレン

トリクロロエチレン Trichloroethylene は肝障害，腎障害，中枢神経障害（不眠，精神錯乱など），知覚麻痺，視野狭窄などの慢性中毒症を引き起こす。発がん性はマウス（1.2 g/kg）では肝臓がんを引き起こすが，ラットでは認められていない。人では血液リンパ系の悪性腫瘍が疑われている。トリクロロエチレンは体内でエポキシ化を受け，トリクロロ酢

酸とトリクロロエタノールに代謝され，これらは尿中に排泄される。また，トリクロロエチレンはグルタチオン抱合を受けた後，順次，酵素による分解を受けてシスティニルグリシン抱合体，システイン抱合体，チオール化合物となる。このチオール化合物は腎臓において生体高分子と結合し腎障害（腎細胞の壊死）を起こす（図2-21）。テトラクロロエチレン Tetrachloroethylene も肝障害，腎障害，中枢神経障害などの慢性中毒症状を起こす。発がん性はマウス（0.5 g/kg）では肝臓がんが認められているが，ラットでは認められていない。両化合物ともに，化審法では第二種特定化学物質に指定されている。

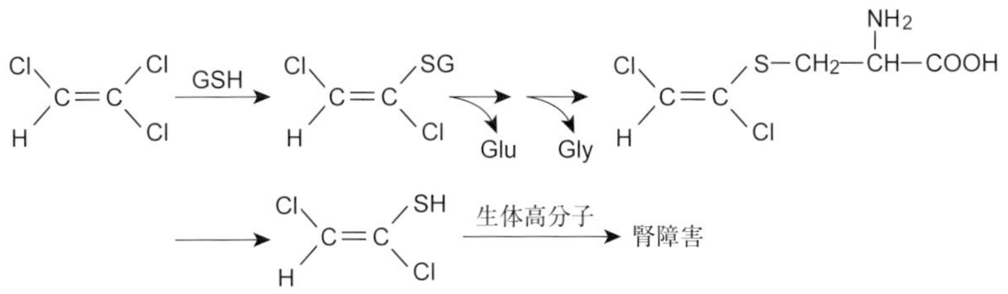

図2-21　トリクロロエチレンによる腎障害の機序

3 環境汚染物質の体内動態

3-1　取り込み経路

　環境汚染物質などの化学物質は静脈，筋肉，皮下などへの注射を除くと，消化管粘膜，気道粘膜，あるいは皮膚を介して吸収され体内に取り込まれる。そして遊離した状態，もしくは血漿タンパク質と結合した状態で血中をめぐり体内の各組織に分布する。

3-1-1　細胞膜と物質の出入り

　化学物質が体内に取り込まれるためには最初に細胞膜のバリアーを通過しなければならない。この過程では分子の大きさ，脂溶性，内因性分子との類似性などの物理化学的性質によって選別されたものだけが，特定の機構を介して細胞内に輸送される。化学物質の輸送機構は ATP などの生体エネルギーを必要としない受動輸送（拡散），生体エネルギーを必要とする能動輸送，およびエンドサイトーシス（飲食作用）の 3 つに大別されるが，環境汚染物質の多くは受動輸送あるいはエンドサイトーシスで取り込まれる。しかし生体の必須成分と類似するものは能動輸送により取り込まれる。

（1）受動輸送

　受動輸送（拡散）は高濃度側から低濃度側への物質の自然な移動であり，生体エネルギーを必要としない。受動拡散（単純拡散）と促進拡散に分類される。受動拡散は油／水分配係数に比例した拡散であり，環境汚染物質の取り込み経路としては比較的多い。一方の促進拡散はトランスポーター（輸送担体）と呼ばれる特定の膜タンパク質を必要とする拡散であり飽和現象がみられる。

（2）能動輸送

　能動輸送は低濃度側から高濃度側への物質の移動であり，生体エネル

ギーを必要とする。基質特異性を持つ特定のトランスポーターを介する輸送であるため，飽和現象がみられることがある。また代謝阻害剤によって阻害を受け，構造類似体によって競合的に阻害される。したがって必須成分と構造や性質が類似した環境汚染物質では，能動輸送の系を介して取り込まれることがある。1つの物質が一方向に輸送される単輸送（ユニポート），2つの物質やイオンが同じ方向に輸送される共輸送（シンポート），2つの物質やイオンが反対方向に輸送される対向輸送（アンチポート）がある。

（3）エンドサイトーシス（飲食作用）

細胞表面に結合した物質が，細胞膜の一部が陥没することで細胞内に取り込まれる現象であり，環境汚染物質の取り込み経路としては比較的多い。液体や可溶性タンパク質が小さな小胞として取り込まれるピノサイトーシス，細菌や細胞の残骸が取り込まれるファゴサイトーシス（貪食）がある。

3-1-2　消化管からの吸収

経口摂取された化学物質は消化管から吸収される。生物を形作っている細胞は細胞膜によって外界と隔てられているが，この細胞膜はタンパク質が埋め込まれた脂質二重膜構造をとっている。それゆえ，化学物質は脂溶性の高い非イオン型の状態でのみ受動拡散により細胞膜を通過する。つまり胃内で非イオン型となる弱酸性の化学物質は胃粘膜から吸収される。これに対して胃内ではイオン型であるが，腸管内で非イオン型となる塩基性の化学物質は腸管粘膜から吸収される。

消化吸収を行うために，胃腸管の粘膜にはグルコースやガラクトースの輸送系，各種アミノ酸の輸送系，ピリミジン輸送系，さらには必須金属（鉄，カルシウム，ナトリウムなど）の輸送系など様々な輸送系が存在する。そして，ある生体成分と性状の類似した化学物質は，それらの輸送系を介して吸収される。例えば，制癌剤である 5-フルオロウラシルはピリミジン輸送系，鉛はカルシウム輸送系，コバルトは鉄輸送系から吸収される。一方，消化管の粘膜表面に吸着した微小な粒子状物質は，粘膜の有するエンドサイトーシス作用によって，そのままの形で取り込まれる。

3-1-3　気道からの吸収

たばこの煙や排気ガスなどに含まれる大気汚染物質，および大気中に

┌─ ヘンダーソン-ハッセルバルヒの式 ─

化学物質の吸収に関係するイオン型分子と非イオン型分子のモル比，および溶媒の pH との関連性は，次のヘンダーソン-ハッセルバルヒ Henderson-Hasselbalch の式によって示される。

酸性化学物質：$pKa = pH + \log$（非イオン型のモル濃度／イオン型のモル濃度）

塩基性化学物質：$pKa = pH + \log$（イオン型のモル濃度／非イオン型のモル濃度）

なお pKa は，解離定数の逆数の対数である。

排出された化学物質は，気道（鼻腔・咽喉部，気管・気管支，肺）を経て体内に吸収される。鼻や口から吸入された化学物質が気道の各領域へ到達する度合いは，そのものが含まれる微粒子のサイズに依存する。サイズが5 μm以上と比較的大きい微粒子は，鼻腔・咽喉部分に留まり，食物と共に飲み込まれた後，消化管へ移行して吸収される。サイズが2～5 μmの微粒子は気管・気管支，1 μm以下のものは肺胞にまで到達し，その場所で吸収される。一方，揮発性の高い化学物質は受動拡散によって肺胞の上皮細胞から取り込まれる。

3-1-4　皮膚からの吸収

皮膚の表層部には上皮細胞が幾重にも重なりあった表皮が存在し，外界からの異物の侵入を防いでいる。しかし強力な神経ガスであるサリン，あるいは四塩化炭素や有機リン系農薬は，受動拡散によって表皮層を通過し体内に侵入する。一般的に皮膚表面からの化学物質の吸収はガス状のものが最も容易である。

3-2　代謝反応と触媒酵素

化学物質は生体にとっては異物である。そのため，それらが体内に取り込まれた際には，生体防御として体外への排泄システムが作動する。水溶性の高い化学物質は未変化体のまま主として尿中に排泄され，脂溶性の高いものは肝臓やその他の臓器において，一連の代謝反応を受けて水溶性の代謝産物に変換された後，尿中や胆汁中へ排泄される。

化学物質に対する代謝反応は薬物のそれと同じく，第Ⅰ相反応と第Ⅱ相反応に分けられる。第Ⅰ相反応では酸化，還元，加水分解などの諸反応によって化学物質に官能基が導入され，第Ⅱ相反応ではそれらが排泄されやすい型に抱合される。

3-2-1　第Ⅰ相反応

肝ミクロソームに存在するシトクロムP450（P450またはCYP）は，第Ⅰ相における酸化反応の大部分と還元反応の一部を触媒する最も重要な酵素である（図3-1）。この代謝酵素は好気的な条件下では，NADPH-シトクロムP450還元酵素から供給される2個の電子（水素）と分子状の酸素を利用して，水酸化，エポキシ化，脱アルキルなどの一原子酸素添加反応を触媒する。しかし嫌気的な条件下では，酸素ではなく電子（水素）を基質に与えることにより，脱ハロゲン，アゾ基やニトロ基の還

肝細胞の分画

肝ホモジネートは，核を除去した後，9,000xg，20分間の遠心分離を行うとミトコンドリア（沈殿）とS9（上清）に分画される。次にS9について100,000xg，1時間の超遠心分離を行えば，ミクロソーム（沈殿）と可溶性画分（上清）に分画される。ミクロソームは肝細胞を破砕する際に断片化された小胞体を主要な成分とするが，ゴルジ装置の膜やミトコンドリアの外膜など，他の膜系の小胞および遊離リボソームも含んでいる。

元などの反応を触媒する。一方，NADPH-シトクロム P450 還元酵素そのものは，アゾ基やニトロ基の還元反応を触媒する。

酸化反応

(1) 芳香族環の水酸化
$$R-C_6H_5 \xrightarrow{\text{OH}} R-C_6H_4-OH$$

(2) 側鎖の酸化
$$R-C_6H_4-CH_3 \xrightarrow{\text{OH}} R-C_6H_4-CH_2OH \xrightarrow{O_2} R-C_6H_4-COOH+H_2O$$
$$R-CH_2-CH_2-CH_2-CH_3 \xrightarrow{\text{OH}} R-CH_2-CH_2-CHOH-CH_3$$

(3) N－脱アルキル
$$R-N{<}^{CH_3}_{CH_3} \xrightarrow{\text{OH}} R-N{<}^{H}_{CH_3}+HCHO \xrightarrow{\text{OH}} R-N{<}^{H}_{H}+HCHO$$

(4) O－脱アルキル
$$R-O-CH_3 \xrightarrow{\text{OH}} [R-O-CH_2OH] \longrightarrow R-OH+HCHO$$

(5) S－脱アルキル
$$R-CH_2-CH_2-S-CH_3 \xrightarrow{\text{OH}} R-CH_2-CH_2-SH+HCHO$$

(6) 脱アミノ
$$R-CH_2-NH_2 \xrightarrow{\text{OH}} R-CH_2-CHO+NH_3$$
$$R-CH_2CH[NH_2]-CH_3 \xrightarrow{\text{OH}} R-CH_2-CO-CH_3+NH_3$$

(7) スルホキサイド化
$$R-S-CH_3 \xrightarrow{\text{OH}} [R-COH-CH_3] \longrightarrow R-SO-CH_3+H^+$$

(8) N－酸化
$$R-C_6H_4-NH_2 \xrightarrow{\text{OH}} R-C_6H_4-N{<}^{N}_{OH}$$

還元反応

(1) $R-CHO \xrightarrow{H_2} R-CH_2OH$
(2) $R-CH=CH-R' \xrightarrow{H_2} R-CH_2-CH_2-R'$
(3) $R-NO_2 \xrightarrow{H_2} R-NO \xrightarrow{H_2} R-NHOH \xrightarrow{H_2} R-NH_2$
(4) $R-N=N-R' \xrightarrow{H_2} R-NH-NH-R' \xrightarrow{H_2} R-NH_2+R'-NH_2$
(5) $R-CO-NHOH \xrightarrow{H_2} R-CO-NH_2$
(6) $R-S-S-R' \xrightarrow{H_2} R-SH+R'SH$

加水分解反応

(1) エステルの加水分解
$$R-CO-OR' \xrightarrow{H_2O} R-COOH+R'-OH$$

(2) 酸アミドの加水分解
$$R-CO-NH_2 \xrightarrow{H_2O} R-COOH+NH_3$$

図 3-1 シトクロム P450 が触媒する第 I 相反応

P450 とは，還元型タンパク質と一酸化炭素の複合体が 450 nm 付近に吸収極大を持つことから命名されたヘムタンパク質である。このヘムタンパク質はヘモグロビンなどと同じく，プロトヘム IX（プロトポルフィリン IX と鉄の錯塩）を補欠分子族としている。しかしながら，プロトヘム IX の第 5 配位子がシステイン残基であるため，他のヘムタンパク質とは異なった独特な吸収スペクトルを示す。

肝ミクロソームには多数の P450 の分子種が存在する。これらは本質的には類似した触媒作用を示すが，基質特異性は互いに異なっている。

また P450 は典型的な誘導酵素であり，適当な基質によって産生が誘導される。誘導基質としてはフェノバルビタールなどの薬物，副腎皮質ホルモンなどがよく知られているが，DDT，PCBs，2,3,7,8-TCDD といった化学物質や環境汚染物質も産生を誘導する。しかしながら産生誘導される P450 の分子種は，個々の化学物質で異なる。例えば，DDT によって産生誘導を受ける分子種は CYP2B であるが，2,3,7,8-TCDD は CYP1A1 と CYP1A2 の産生を誘導する。

　肝ミクロソームには，P450 に加えて，第三級アミンの N- 酸化や第二級アミンの N- 水酸化を触媒する第三級アミン N- 酸化酵素，エポキシ体のジヒドロジオールへの代謝を触媒するエポキシドヒドロラーゼなどが存在する。一方の可溶性画分にはアルコールやアルデヒドの酸化反応を触媒する脱水素酵素，エステルやアミドを加水分解するエステラーゼなどが存在する。

3-2-2　第Ⅱ相反応

　一般に水酸基，カルボキシル基，アミノ基，チオール基を持った化合物はグルクロン酸抱合を受ける。つまり，これらの官能基にグルクロン酸が付加され，易水溶性の極性代謝物が生成される。この抱合反応は肝ミクロソームに存在するグルクロン酸転移酵素によって触媒され，付加されるグルクロン酸基はウリジン二リン酸グルクロン酸から供給される（図 3-2）。グルクロン酸抱合体のうち，分子量の小さいものは尿中へ排泄されるが，大きいものは胆汁中へ排泄される。胆汁中へ排泄された抱合体は，腸管において腸内細菌叢の産生する β- グルクロニダーゼによって加水分解された後，腸管から再吸収され門脈を経て肝臓に戻ってくる。そのため体外への排泄が遅くなる。

P450 の分類

　P450 は約 500 個のアミノ酸残基から構成されるが，アミノ酸配列の相同性が 40% 以上のものをファミリー（CYP1 など）とし，55% を超えるものをサブファミリー（CYP1A など）としている。またサブファミリーの中の CYP はアラビア数字で区別している（CYP1A1 など）。薬物や化学物質の代謝には，一般には主に CYP1，CYP2，CYP3 が関与する。

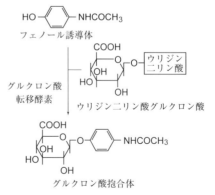

図 3-2　フェノール誘導体に対するグルクロン酸の抱合反応

フェノール，第一級アルコール，第二級アルコール，ヒドロキシアミノ基を持つ化合物は，硫酸抱合反応を受け硫酸エステルへと変換される。この反応に関与する酵素は硫酸転移酵素であり，活性硫酸とも呼ばれている 3'-ホスホアデノシン 5'-ホスホ硫酸を補酵素として要求する。この硫酸転移酵素は可溶性画分に存在する。一般に硫酸抱合は P450 で酸化された低分子量の化合物を基質とし，抱合体は主に尿中に排泄される。

グルクロン酸抱合と硫酸抱合では，構造を異にする広範な化合物が抱合される。これに対して可溶性画分に存在するアセチル転移酵素が触媒するアセチル抱合反応は，アミノ基を持った化合物に限られる。この抱合反応ではアセチル-CoA より供与されたアセチル基が転移して，アセトアミド（N-アセチル化体）が生成される。

アミノ酸（グリシンおよびグルタミン）抱合はカルボン酸，特に芳香族カルボン酸に限定された抱合反応である。この抱合反応では基質となる芳香族カルボン酸が ATP と CoA によってあらかじめ活性化される必要がある。アミノ酸抱合反応はミトコンドリアに存在するアシル転移酵素によって触媒される。

γ-グルタミン酸，システイン，グリシンから構成されるグルタチオン（γ-Glu-Cys-Gly）は求核性化合物を抱合する。このトリペプチドはほとんど全ての組織に分布しているが，肝臓には特に多く分布している。グルタチオン抱合はグルタチオン-S-転移酵素によって触媒され，脂肪族エポキシ体，芳香族エポキシ体，脂肪族ハロゲン化合物，芳香族ハロゲン化合物が基質となる。一般にグルタチオン抱合体は，腎臓の尿細管膜において二段階の加水分解作用を受け，グルタミン酸とグリシンが順次脱離してシステイン抱合体となる。さらには，N-アセチル転移酵素が触媒する N-アセチル化反応によってシステインのアミノ基がアセチル化され，最終的にはメルカプツール酸抱合体（N-アセチルシステイン抱合体）となり尿中に排泄される。一方，分子量の大きいグルタチオン抱合体は胆汁中に排泄される。

3-2-3 代謝活性化

化学物質の生体内代謝では，代謝過程の途中において反応性が高く，しかも毒性が強い中間代謝産物（活性中間体）が生成されることがある。このような現象を代謝活性化と呼んでいる。これらの活性中間体が DNA や RNA に作用した際には変異原性，発がん性，催奇形性などの遺伝毒性，タンパク質などに作用した際には臓器障害などの毒性が出現する。

　多環式芳香族炭化水素は，たばこの煙，排気ガス，ばい煙などに含まれている発がん性の化学物質である。これらの化学物質のほとんどは，芳香環の水酸化反応，グルクロン酸あるいは硫酸との抱合反応を順次受け，やがて体外に排泄される。しかしながら，一部のものは発がん性を有するエポキシ体へと代謝される。その代表的な一例として，ベンゾ［*a*］ピレンの代謝活性化を図 3-3 に示した。ベンゾ［*a*］ピレンは，P450 によって 7,8- エポキシ体へと代謝された後，エポキシドヒドロラーゼが触媒する加水分解反応を受ける。そして P450 によって 9,10 位がさらにエポキシ化され，最終的に発がん性の強い 7,8- ジオール -9,10- エポキシ体となる。

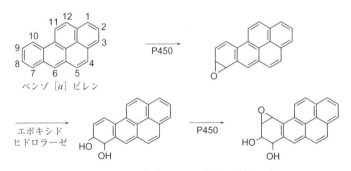

図 3-3　ベンゾ［*a*］ピレンの代謝的活性化経路

　染料製造に用いられる 2- ナフチルアミンは P450 によって水酸化を受け，発がん性を有する活性中間体に変化する。この活性中間体はグルクロン酸による抱合反応を受けて一端は無毒化される。しかしながら，形成されたグルクロン酸抱合体が腎臓の腎 - グルクロニダーゼの作用で加水分解され，発がん性を有する活性中間体が再び形成される。

　パラチオンやマラチオンなどの有機リン系農薬（殺虫剤）は，神経伝達物質であるアセチルコリンを加水分解する酵素（アセチルコリンエス

テラーゼ）の働きを阻害する。アセチルコリンエステラーゼの阻害は，結果としてアセチルコリンの過剰蓄積を導くため，神経の情報伝達系が混乱に陥り，縮瞳や気管支分泌亢進など多様な神経症状が誘発される。そして重篤な場合は呼吸麻痺により患者は死に至る。これらの農薬の場合には，酸化的脱硫反応によって生じたオキソン体が神経毒作用を発揮する（図3-4）。

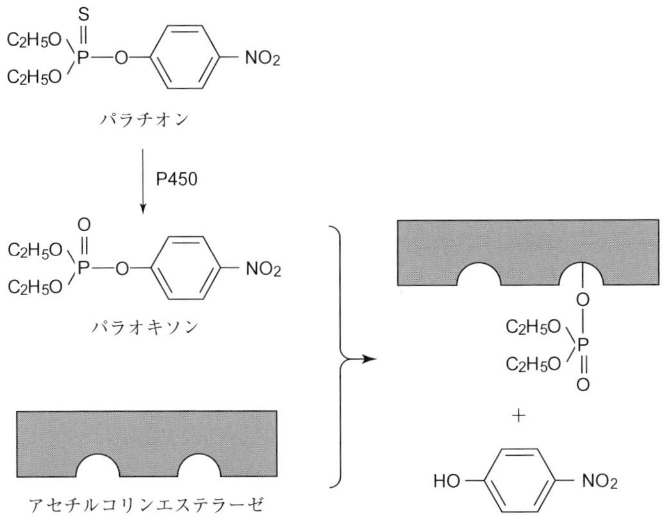

図3-4　パラチオンのアセチルコリンエステラーゼ阻害作用

　四塩化炭素（CCl_4）は肝障害を引き起こす化学物質である。この化合物は肝臓において，P450 によって代謝されラジカル（$\bullet CCl_3$）となる。しかし，ここで生成したラジカルが強力な細胞膜脂質の過酸化作用を示すため，肝細胞が障害を受ける。

3-3　体外への排泄

　化学物質やその代謝産物は，そのほとんどが尿中もしくは胆汁中に排泄される。しかし一部の化学物質では呼気や乳汁中への排泄がみられる。

3-3-1　尿中への排泄

　腎臓の機能単位であるネフロンでは，糸球体ろ過，尿細管分泌および再吸収の３つの過程を経て尿が生成される。腎臓に流れ込んだ血漿成分は，まず糸球体においてろ過作用を受け，分子量 5,000 以下の化合物は

アセトアミノフェンの毒性

　解熱鎮痛剤であるアセトアミノフェンは，肝臓においてP450 によって代謝活性化され，反応性の高い *N*-アセチル-*p*-ベンゾキノンイミン（NAPQI）に変化する。このNAPQI はグルタチオン抱合を受け，その後腎臓においてメルカプツール酸抱合体となり尿中に排泄される。しかしアセトアミノフェンの大量摂取による中毒では，肝臓のグルタチオンが枯渇するため，生成された NAPQI が生体高分子と結合し，結果的に肝細胞に毒性を示す。

100％ろ過されて尿細管内に移行する。しかし，アルブミンなどと結合している分子量 60,000 以上のものはろ過されない。また比較的極性の高い化合物（グルクロン酸抱合体，硫酸抱合体，アミノ酸抱合体，内因性代謝物など）は，尿細管内への能動的な分泌作用も受ける。このような糸球体ろ過ならびに能動的な分泌によって尿細管へ移行した化合物は，次いで遠位尿細管において再吸収作用を受ける。この再吸収過程ではトランスポーターを介した輸送も関与するが，主なものは細胞膜を隔てた受動拡散である。したがって，脂溶性の高い化合物は遠位尿細管から容易に再吸収され，尿中への排泄量が少なくなる。

3-3-2　胆汁中への排泄

一日の胆汁量は尿量とほぼ同じ 700 ～ 1,200 mL である。したがって胆汁中への排泄は，かなり重要な排泄経路となっている。胆汁中への排泄効率は化合物の化学的性状と関連しており，ある程度の極性と脂溶性，および一定以上の分子量をもつことが必要である。人では分子量約 500 以上のものが，毛細胆管膜に存在するトランスポーターを介して能動的に胆汁とともに胆管に排泄される。

生体には胆汁中に排泄された化合物を腸管から再吸収し，門脈を経て肝臓に戻す経路が存在する。この排泄と再吸収を繰り返す経路は腸肝循環と呼ばれており，脂溶性が高い化合物は未変化体の形で小腸から，脂溶性が低い化合物は腸内細菌叢が産生する酵素によって化学修飾され，より脂溶性の高い形に変化した後，大腸から再吸収される（図 3-5）。

糸球体濾過

糸球体のろ過速度は約 120 mL/min であり，腎血流量の 1/10 程度である。

胆汁排泄と分子サイズ

胆汁中へ排泄されるために必要な分子量は，動物種によって著しく異なっている。ラットおよびイヌでは 350±50，モルモットでは 400±50，ウサギおよび人では 500±50，サルでは 550±50 である。

腸内細菌叢の脱抱合作用

腸内細菌叢が産生する酵素のうち，β-グルクロニダーゼはグルクロン酸抱合体，スルファターゼは硫酸抱合体の脱抱合（加水分解）反応をそれぞれ触媒する。特にニトロ基あるいはアゾ基が腸内細菌叢の酵素によって還元された場合には，毒作用を有するアミン類を生ずることがあり毒性学的に重要である。

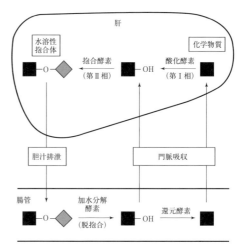

図 3-5　化学物質の水溶性代謝物の腸肝循環

3-3-3 その他の排泄経路

(1) 呼気への排泄

体温で気体となる化学物質では呼気が主な排泄経路となっている。化学物質の血液から呼気への移動は受動拡散であるため，血液に溶けやすい化合物では呼気からの排泄が遅くなる。

(2) 乳汁中への排泄

体外排泄経路としての乳汁は，母体から新生児あるいは牛乳から人への毒性物質の移行という観点から考えると重要である。乳汁中には3〜5％の脂質が含まれているが，ここにはPCBsやダイオキシン類など，脂溶性の高い有害化学物質が濃縮されていることが多い。

4 地球規模での環境汚染

水俣病や四日市ぜんそくなどの公害は，ある程度の広い地域で発生した環境汚染問題であった。しかし，なお特定の地域における問題であり，公害対策基本法およびそれに従った大気汚染防止法などの関連法令の整備によって改善が図られた。また，これらの公害は発生源が比較的限定されており，対処がしやすいものであったと言える。ところが近年では，広範囲な発生源による地球規模での環境汚染が問題となっている。

4-1 緑の後退と砂漠化の進行

4-1-1 緑の後退

森林は全ての陸地面積の約31％（40.3億 ha）を占めており，そこには陸上生物種の約80％が生息・生育している。特に熱帯林は総森林面積のかなりの部分を占めている。ところが，南アメリカやアフリカを中心にして，焼き畑農業，牧場への転換，樹木の過剰な伐採などにより，熱帯林をはじめとする森林の破壊・消滅が続いている。2010 ～ 2020 年には年間で 830 万 ha（8.3 万 km^2），2000 ～ 2010 年には年間で 470 万 ha の森林が消滅した（図4-1）。

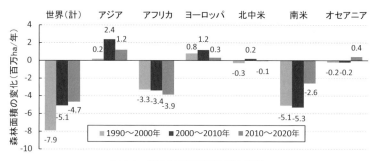

図4-1 世界の地域別森林面積の変化
（FAO，「世界森林資源評価 2020」）

森林は多様な生物種をはぐくむ豊かな環境をつくり出すとともに，二

酸化炭素を吸収して酸素を供給する役割を担っている。また豊かな生態系と安定した気候の維持には，森林と海の循環システムが重要な役割を果たしている。したがって森林の消滅は，保水力の低下，水質・大気の浄化能力や二酸化炭素の固定能力の低下，水分蒸発量の低下，木材や貴重な天然資源の減少・消失，農産物の減少，土壌の流出，洪水や土砂災害の発生，野生生物種の絶滅，気候変動の促進など多岐に影響を及ぼす。生態系はさまざまな恩恵を人類にもたらしているが，それは数多くの生物種の絶妙なバランスで成り立っている。したがって野生生物種の絶滅は，生物多様性（種の多様性，遺伝子の多様性，生態系の多様性）の減少，ひいては生態系の破壊につながる。それゆえ，森林の破壊・消滅による緑の後退は世界全体で取り組む重要な環境問題である。

コラム　絶滅危惧種

　野生生物の絶滅のおそれに関する現状を把握するため，国際自然保護連合では個々の生物種について絶滅危惧の度合いを評価し，絶滅のおそれのある生物種（絶滅危惧種）を選定して公表している。2014 年の公表では，約 175 万種のうち 76,201 種が評価され，その約 3 割が絶滅危惧種に選定されている。哺乳類，鳥類，両生類に関しては，ほぼ全ての生物種が評価され，哺乳類では 22％，鳥類では 13％，両生類では 27％が絶滅危惧種に選定されている。また 903 種（動物 767 種，植物 136 種）は，既に絶滅したと判断されている。

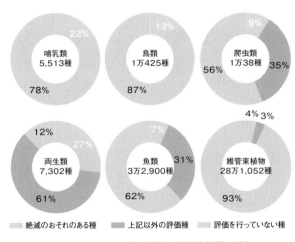

コラム　図 4-1　生物分類群の絶滅危惧種の割合
（環境省，「環境・循環型社会・生物多様性白書　平成 27 年版」）

4-1-2　砂漠化の進行

　土壌が乾燥しているために植生が極めて少ない，あるいは欠如している地域を砂漠という。一方，1996 年に発効した砂漠化対処条約では「砂漠化とは，乾燥地域，半乾燥地域および乾燥半湿潤地域における種々の要素（気候の変動および人間活動を含む）に起因する土地の劣化」と定義されている。すなわち，気候だけでなく人為的な要因でも砂漠化が進行すると認識されている。

　砂漠化の進行には複数の要因が関連しているが，第 1 の要因として干ばつがあげられる。地球の温暖化は中央アジア，地中海沿岸，南アフリカ，オーストラリアに降水量の減少と干ばつをもたらすと予想されている。逆に雨が集中的に降ることも土壌の流出の原因となり，砂漠化を促進する要因となりうる。人為的な要因としては，人口増加による食料確保を目的とした大規模な森林や草原の開墾と過耕作，過放牧などがあげられる。また高温乾燥地域では，灌漑によって供給された水に含まれていた塩類が，水分の蒸発によって土地の表面に濃縮蓄積され，その結果として作物が生育しなくなり，農地が放棄されて砂漠化が進行するという事態も生じている。

　砂漠化の影響を受けやすい乾燥地域は全ての陸地面積の約 40％を占めており，そこには 20 億人以上が暮らしている。

4-2　地球温暖化

　産業革命以降の急激な経済成長によって，大気中の二酸化炭素やメタンなどの温室効果ガスが増加し続けており，地球温暖化が進む要因となっている。地球温暖化は世界共通の深刻な環境問題である。

4-2-1　温室効果と温室効果ガス

　大気中の酸素や窒素は赤外線をほとんど吸収しないが，二酸化炭素，メタン，水蒸気などは赤外線を吸収する。可視光線を主体とする太陽からの輻射エネルギーの大部分は地表に到達して吸収されるが，吸収されたエネルギーは赤外線として大気中に放射される。しかし二酸化炭素，メタン，水蒸気などに吸収され，再び全方向に放射されるため，結果的に地表近くの大気が暖められることになる。これが温室効果 Greenhouse Effect と呼ばれるものである。この効果によって地球大気は温度変化の幅が小さく抑えられ，生物の生存に適した環境を与えている。

　しかし温室効果ガスが増え過ぎると地球の温暖化に繋がり，海水の膨

張や極地の氷や氷河の融解による海水面の上昇，植生の変化や熱帯地域の農作物生産量の減少による食料危機，病原微生物の生息地域の拡大と感染症の増加などの影響が出ることが懸念されている。20世紀以降，地球の年平均気温は1℃あまり高くなり（図4-2），海水面は20 cm程度上昇している（図4-3）。

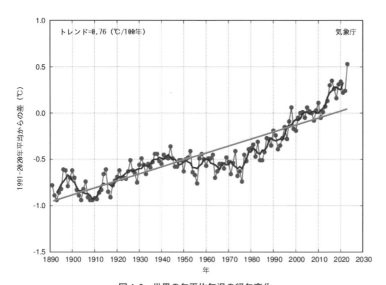

図4-2　世界の年平均気温の経年変化
（気象庁，https://www.data.jma.go.jp/cpdinfo/temp/an_wld.html）

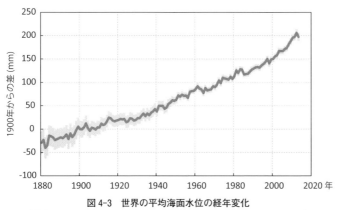

図4-3　世界の平均海面水位の経年変化
（出典：CSIRO, https://research.csiro.au/slrwavescoast/sea-level/）

　温室効果を示すガスとしては二酸化炭素，メタン，水蒸気の他，一酸化二窒素 N_2O やフロン類などがある。このうち水蒸気は絶対量が極めて多いため大きく増加することはないが，その他のものは産業活動など

の人為的な活動によって増加する（図4-4）。二酸化炭素は大気中の濃度が高いため，地球温暖化への寄与が最も大きく約2/3を占めている。次いでメタン，一酸化二窒素の順となる。しかし，二酸化炭素の単位量当たりの温室効果（温暖化係数）はそれほど高くはない。

二酸化炭素は生態系において常に形成されているが，木材などを燃料として燃やした場合にも生じる。しかし近年の増加は，地中深くに眠っていた化石燃料を掘り起こして燃焼させたことが主な原因である。図4-4に示したように，18世紀以前の二酸化炭素濃度は280 ppm程度で安定していたが，化石燃料の消費に伴って急上昇し現在の濃度は400 ppmとなっている。

─ 温暖化係数 ─

　同じ量のガスが100年間に及ぼす温暖化の効果（温暖化係数）は，CO_2:1，CH_4:21，N_2O:310，CFC-11（CCl3F）：3800，CF4:6500である。

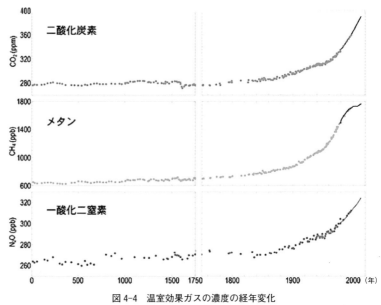

図4-4　温室効果ガスの濃度の経年変化

（気象庁，https://www.data.jma.go.jp/cpdinfo/chishiki_ondanka/p06.html）

4-2-2　地球温暖化の防止対策

　温室効果ガスの排出を抑制するための対策を何も講じなければ，21世紀末には世界の平均気温は2.6～4.8℃上昇すると予想されている。すでに平均気温の上昇（図4-2）や海水面の上昇（図4-3）といった気候変動の影響が明確になりつつあり，その対策は急務である。地球温暖化の問題を科学的知見に基づいて議論する場として，1988年に気候変動に関する政府間パネル Intergovernmental Panel on Climate Change（IPCC）が設立された。2014年には第5次評価報告書を発表し，気候変動の原因や温室効果ガスの排出シナリオおよび予想される気候変動とその影響に

ついてまとめている。また 1992 年の地球サミットで採択された「気候変
動に関する国際連合枠組条約」に基づいて，1995 年からは条約締約国会
議 Conference of the Parties（COP）が毎年開催されている。1997 年に
京都で開催された COP3 では，温室効果ガスの削減目標などを内容とす
る京都議定書が採択され，原則 1990 年を基準年として，二酸化炭素，メ
タン，一酸化二窒素，ハイドロフルオロカーボン（HFC），パーフルオ
ロカーボン（PFC），六フッ化硫黄 SF_6 の 6 種類について，2008 ～ 2012
年の第一約束期間の排出量を全体では 5％削減すること，日本は 6％，
EU 加盟国は 8％削減することが定められた。また数値目標とともに柔
軟性措置としての京都メカニズムも合意された。

　京都議定書は対象国に明確な義務を課した点では画期的なものであっ
たが，二酸化炭素の最大排出国である中国やアメリカが参加していない
という問題点を含んでいた（図 4-5）。

京都メカニズム

　他国の温室効果ガスの排出
削減量を自国の削減量に換算
できる仕組みである。他国に
おいて削減事業をした際の削
減分を自国の削減量に換算す
るクリーン開発メカニズム，
他国の削減事業に協力した際
の削減成果の一部を自国の削
減量に換算する共同実施，京
都議定書での目標値以上に削
減できた他国から余剰枠など
を買う排出量取引がある。

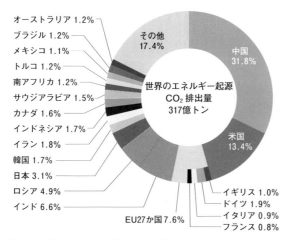

資料：国際エネルギー機関（IEA）「Greenhouse Gas Emissions
from Energy Highlights」2022 EDITION を基に環境省作成

図 4-5　二酸化炭素の国別排出量（2020 年）
（環境省，「環境・循環型社会・生物多様性白書　令和 5 年版」）

　わが国は 1998 年に「地球温暖化対策の推進に関する法律」や「エネル
ギーの使用の合理化に関する法律」などを制定し，さらに 2002 年には京
都議定書の目標を達成するための具体的対策を取りまとめた新しい地球
温暖化対策推進大綱を決定して，京都議定書の締結を行った。図 4-6 に
示したように，わが国の排出量は，基準年に対して 2011 年度は 3.7％，
2012 年度は 8.5％の増加であった。しかし森林等吸収源や京都メカニズ
ムの実施によって，目標であった 6％削減は達成された。京都議定書で

は 2013 ～ 2020 年を第二約束期間としている。しかし，第一約束期間に排出削減義務を負った国の総排出量が全世界の 25% にすぎないことなどから，わが国は第二約束期間の削減目標を設定していない。また 2020年以降の温室効果ガス排出削減のための新たな国際枠組みとして，2015年にパリで開催された COP21 においてパリ協定が採択され，2016 年 11月に発効した。

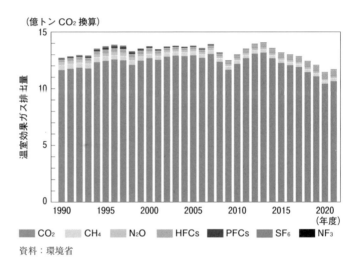

資料：環境省

図 4-6　日本の温室効果ガス排出量の経年変化
（環境省，「環境・循環型社会・生物多様性白書　令和 5 年版」）

> **コラム**　**パリ協定**
>
> 　パリ協定では途上国を含む全ての国が地球温暖化対策に参加することによって，世界共通の長期目標として，産業革命前からの地球の平均気温上昇を 2 ℃未満（努力目標 1.5 ℃）に抑えること，21 世紀後半には人為的な排出量と森林等による吸収量を均衡させ，温室効果ガスの排出を実質ゼロにすることを目標としている。また主要排出国を含む全ての国が削減目標を設定するとともに，削減量を増やす方向で 5 年ごとに見直すこと，5 年ごとに世界全体としての実施状況を評価することが定められている。
>
> 　その他に，先進国には発展途上国への温暖化対策の資金援助が義務付けられており，先進国以外の国にも自主的な援助が推奨されている。また透明性を確保するため，全ての加盟国が排出量，技術供与，資金援助額などの取り組み状況を公開することとなっている。さらには，二国間クレジット制度を含む市場メカニズムの活用，森林等の吸収源の保全・強化の重要性なども盛り込まれている。

地球温暖化対策の一環として，各国において風力や太陽光などの再生可能エネルギーの利用促進が進んでいる。

風力の利用はドイツが1位，スペインが2位であり，わが国は13位と出遅れている。また太陽光発電の導入量はドイツ，日本，アメリカの順に高いが，近年はスペイン，メキシコ，イタリアなどが高い伸びを示している。天然ガスは石炭や石油と同様の化石燃料であり，燃焼時には二酸化炭素を発生する。しかし，その発生量は石炭や石油に比べると少なく，家庭燃料などの天然ガスへの切り替えは温暖化防止にある程度の効果を示す。また植物由来のバイオエネルギーも，燃焼時の二酸化炭素の発生量は石炭や石油に比べて少なく，地球温暖化の防止につながる。

4-3　オゾン層の破壊

4-3-1　オゾンの生成とオゾン層

地球上に生物が出現した初期のころは，太陽の紫外線が地表に直接到達していた。そのため生物は陸地では生きていくことができず，紫外線が減衰する海洋水中で発生し，次第に進化を遂げていった。その後，独立栄養生物の出現によって大気環境中に酸素が蓄積していった。その結果，大気上層部の成層圏（上空15〜30 km）において，短波長（波長240 nm以下）の紫外線の作用によって酸素分子 O_2 が酸素原子 O に解離され，これが酸素分子と反応してオゾン O_3 が生成された。そして，オゾン層と呼ばれるオゾン濃度が比較的高い層が成層圏に形成された。

このオゾン層によって波長290 nm以下の紫外線が吸収されるため，地表には波長の短い生物に有害な紫外線が到達しにくくなり，結果として陸上生物が出現した。オゾンは不安定な分子であるため絶えず分解されるが，一方では新たなオゾンが常に形成されており，全体のオゾン量は一定に保たれている。しかしながら，近年ではフロンやハロンなど，化学物質によるオゾン層の破壊が進行し，人類も含めた生物への影響が危惧されている。

オゾンの全量は1980〜1990年代前半にかけて減少し，現在でも1970年代より約4％少ない状態が続いている。オゾン層は高緯度ほど薄くなっているため，オゾン量の減少は南極上空において特に顕著に観察され，オゾンホールと呼ばれている。オゾンホールの形成は1970年代中頃から観察され始め，1980年代中頃には南極大陸の面積を超える規模となったが，2000年代以降は拡大と縮小を繰り返している（図4-7）。

再生可能エネルギー

統一された定義があるわけではないが，国際エネルギー機関 International Energy Agency（IEA）では，絶えず補充される自然のプロセスによるエネルギーと定義しており，これには太陽光，風力，地熱，水力，海洋資源から生成されるエネルギーなどが該当する。IEAの統計では，1990年から2005年の間に風力は24.8％，太陽光は7.6％増加している。

オゾン層の厚さ

オゾンは成層圏の数10 kmの範囲に1〜10 ppmの濃度で広がって存在している。このオゾンを0℃，1気圧に圧縮すると3 mm程度になる。この値に100をかけたものをドブソン単位（DU）と呼び，オゾン層の厚さを示す単位として用いられている。

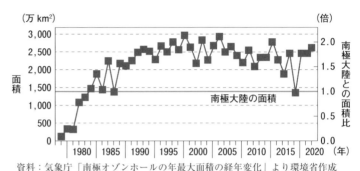

資料：気象庁「南極オゾンホールの年最大面積の経年変化」より環境省作成

図4-7 南極上空のオゾンホール面積の経年変化
（環境省，「環境・循環型社会・生物多様性白書 令和5年版」）

4-3-2 オゾン層の破壊とその影響

　オゾン層破壊の一番の原因となる化学物質はフロンである。フロンとはメタンやエタンの水素原子を塩素やフッ素で置換した化合物の日本国内における総称名である。またフロンに臭素が加わったものはハロンと呼ばれる。

> **コラム　フロンとハロンの名称**
>
> 　フロンやハロンは構成する元素の数でもって表記される。フロンでは1位がフッ素の数，10位が水素の数プラス1，100位が炭素の数マイナス1を示している。例えば CCl_2F_2 はフロン12（CFC-12），$C_2Cl_3F_3$ はフロン113（CFC-113），$CHClF_2$ はフロン22（HCFC-22），CHF_3 はフロン23（HFC-23）と表される。なお水素が含まれていないクロロフルオロカーボン Chlorofluorocarbon は CFC，水素が含まれているハイドロクロロフルオロカーボン Hydrochlorofluorocarbon は HCFC，塩素が含まれていないハイドロフルオロカーボン Hydrofluorocarbon は HFC と略称される。一方のハロンは臭素を含む化合物であり4桁の数字で表記される。それぞれ1位，10位，100位，1000位が臭素，塩素，フッ素，炭素の数を示している。例えば CF_2BrCl はハロン1211，CF_3Br はハロン1301と表される。

　フロンは，不燃性であり空気と混合しても引火爆発しない，熱に対して安定であり分解しにくい，化学的に極めて不活性であり通常の使用条件では金属（鉄，銅，スズ，アルミニウムなど）に対する腐食性がない，電気抵抗が大きく絶縁性に優れている，気化や液化が容易である，安全であり毒性も低いなどの多くの利点を有している。そのため冷房用の冷媒，ヘアスプレーなどのエアゾル製品の噴射剤，精密機械の洗浄剤など，

現代社会では大量に使用されてきた。

　特定フロンと呼ばれるクロロフルオロカーボン（CFC：Chlorofluoro-carbon）は極めて安定な化合物であるため大気中に放出されても分解されず，徐々に上昇，拡散して成層圏にまで到達する。

　成層圏に到達した特定フロンは紫外線によって分解され塩素原子を生じるが，この塩素原子がオゾンを酸素へと分解する（図4-8）。分子内に水素が含まれるハイドロクロロフルオロカーボン Hydrochlorofluoro-carbon（HCFC）とハイドロフルオロカーボン Hydrofluorocarbon（HFC）は代替フロンと呼ばれ，対流圏において OH ラジカルによって容易に分解される。したがって，HCFC のオゾン層破壊作用は CFC よりも弱く，塩素が含まれていない HFC はオゾン層破壊作用を示さない。しかしながら，代替フロンの地球温暖化効果は特定フロンと変わらない。一方，フロンに臭素が加わったハロンはフロンよりも強力にオゾン層を破壊する。例えば，ハロン 1301（CF_3Br）のオゾン層破壊能力はフロン 11 やフロン 12 の 10 倍である。

<aside>
特定フロンの寿命

　大気中に放出された特定フロンの寿命は長く，フロン 11（CCl_3F）は 65 ～ 75 年，フロン 12（CCl_2F_2）は 110 ～ 130 年，フロン 113（C_2Cl_3F_3 は）は約 90 年である。また成層圏に達するまでに約 10 年かかると言われている。
</aside>

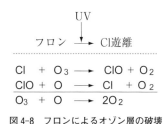

図 4-8　フロンによるオゾン層の破壊

　オゾン層が破壊されると，生物に有害な波長の短い紫外線の地表面への到達量が多くなり，皮膚がんや白内障などの健康被害が増加する可能性がある。オゾン量が 1% 減少すると地表面の紫外線量が 1.5% 増加し，皮膚がんの発症が 2%，白内障の発症が 0.6 ～ 0.8% 上昇すると言われている。また動植物の生育障害など生態系への影響も懸念される。

4-3-3　オゾン層の保護対策

　オゾン層の破壊を防止するための国際的な取組として，1985 年には「オゾン層の保護のためのウィーン条約」が締結され，この条約に基づいて，1987 年には「オゾン層を破壊する物質に関するモントリオール議定書」が採択された。その後，オゾン層の破壊が予測よりも早く進行していることが明らかになり，数回にわたる議定書の改正などの規制強化が図られた（図 4-9）。2007 年には HCFC の規制スケジュールが検討され，途上国での全廃予定が 2040 年から 2030 年に前倒しとなった。また 2016

年には HFC の生産および消費量の段階的な削減を求める改正案が採択された。図 4-10 に示したように，CFC の大気中濃度は近年低下してきているが，HCFC 濃度は増加が続いている。

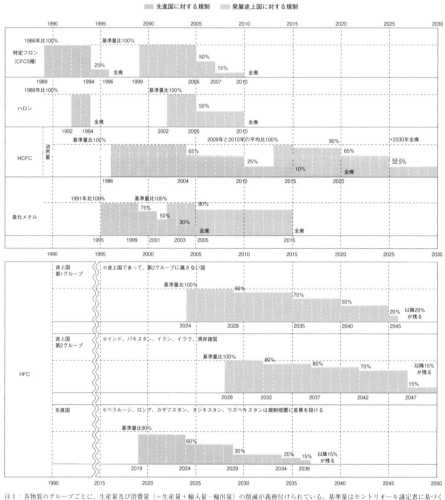

注 1：各物質のグループごとに，生産量及び消費量（＝生産量＋輸入量－輸出量）の削減が義務付けられている。基準量はモントリオール議定書に基づく
　　2：HCFCの生産量についても，消費量とほぼ同様の規制スケジュールが設けられている（先進国において，2004年から規制が開始され，2009年まで規準量比100%とされている点のみ異なっている）。また，先進国においては，2020年以降は既設の冷凍空調機器の整備用のみ基準量比0.5%の生産・消費が，途上国においては，2030年以降は既設の冷凍空調機器の整備用2040年までの平均で基準量比2.5%の生産・消費が認められている
　　3：このほか，「その他のCFC」，四塩化炭素，1,1,1-トリクロロエタン，HBFC，ブロモクロロメタンについても規制スケジュールが定められている
　　4：生産等が全廃になった物質であっても，開発途上国の基礎的な需要を満たすための生産及び試験研究・分析等の必要不可欠な用途についての生産量は規則対象外となっている
資料：環境省

図 4-9　モントリオール議定書に基づく削減スケジュール
（環境省，「環境・循環型社会・生物多様性白書　令和 5 年版」）

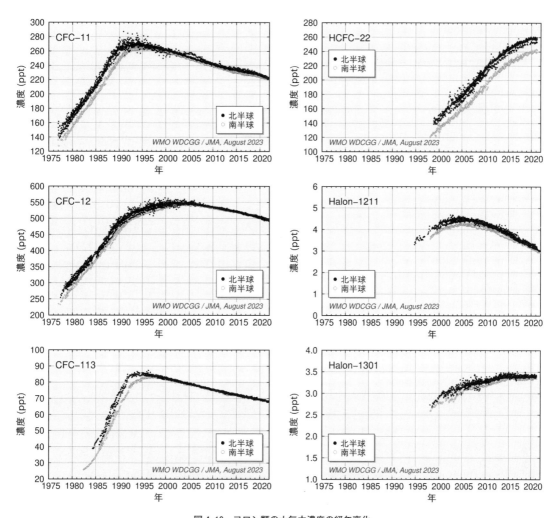

図 4-10　フロン類の大気中濃度の経年変化
(気象庁, https://ds.data.jma.go.jp/ghg/kanshi/ghgp/cfcs_trend.html)

　わが国では 1988 年に「特定物質の規制などによるオゾン層の保護に関する法律」(「オゾン層保護法」) を制定し, フロンなどの規制を行っている。オゾン層保護法ではモントリオール議定書の規制スケジュールに従って, 対象物質の生産量および消費量の削減を行っている。具体的には, 家庭用電気冷蔵庫・冷凍庫およびルームエアコンは 1998 年の特定家庭用機器再商品化法 (家電リサイクル法), 業務用冷凍空調機器は2001 年の特定製品に係るフロン類の回収および破壊の実施の確保などに関する法律 (フロン回収・破壊法), カーエアコンは 2002 年の使用済自動車の再資源などに関する法律 (自動車リサイクル法) に基づく回収

が義務付けられている。

4-4　その他の環境汚染

4-4-1　酸性雨

酸性雨とは，化石燃料の燃焼などに伴って放出された硫黄酸化物（SOx）や窒素酸化物（NOx）が大気中の水分に吸収され，さらに酸化されて硫酸や硝酸となり，雲をつくっている水滴に溶け込んで降ってくる酸性の雨である。通常濃度の二酸化炭素が雨水に溶けて平衡状態になった際には pH が 5.6 となることから，pH が 5.6 以下の雨水を酸性雨と定義している。しかし，実際に被害に結びつく酸性雨は pH が 4.0 以下である。また酸性の強い霧や雪，晴れた日に沈着する酸性の粒子状物質やガス状物質なども含めて酸性雨と言っている。日本国内の酸性雨の状況として，2017 ～ 2021 年度の各年度における降水 pH の平均値，および 5 年間の平均値を図 4-11 に示した。降水 pH の地点別年平均値は，多くの地点において pH 5.0 以下であり，降水は引き続き酸性化した状態となっている。

欧米では早くから酸性雨が深刻な環境問題となっており，湖沼や河川の酸性化による魚類への影響，土壌の酸性化による森林被害，さらには大理石や金属製の文化財の破壊などが報告されている。酸性雨は国境を越えて，発生源から 1,000 ～ 2,000 km も離れた地域に被害をもたらす。わが国では SOx や NOx の多くが偏西風によって中国大陸から運ばれてくる。そのため，対策には国際的な協力が必要である。ヨーロッパでは「長距離越境大気汚染物質条約」を 1979 年に締結し，関係国に酸性雨原因物質の低減を求めると共に，共同での酸性雨モニタリングを行っている。わが国では 1983 年以降，総合的な調査研究として酸性雨対策調査が実施されている。その内容は継続的なモニタリング，各種影響等予測モデルの開発などである。

また，東アジアの経済成長に伴う酸性雨原因物質の排出量の増加と酸性雨の深刻化の懸念から，わが国がイニシアティブをとって，2001 年からは東アジア酸性雨モニタリングネットワーク Acid Deposition Monitoring Network in East Asia（EANET）を稼働させ，東アジア地域での降水 pH のモニタリングなどを行っている。

酸性雨の防止対策は SOx や NOx の排出量を減らすことである。わが国では，燃料の規制による SOx の発生抑制，電気集塵機によるばいじんの排出抑制，排煙脱硫装置や脱硝装置による排出ガス処理法の開発，排

酸性雨対策調査

世界的な酸性雨問題の広がりに呼応するため，1983 年に開始された 5 年間を一区切りとする酸性雨に関する全国調査研究である。ただし第 4 次調査は 1998 ～ 2000 年の 3 年間，第 5 次調査は 2001 ～ 2002 年の 2 年間を調査期間とした。この調査によって，以下の知見が得られた。① 欧米並みの酸性雨が全国的に観測される。② 日本海側の地域では中国大陸に由来する原因物質の流入が示唆される。③ 酸性雨による植生衰退などの生態系被害や土壌の酸性化は認められない。④ 岐阜県の伊自良湖などへの流入河川や周辺土壌においては，pH の低下など酸性雨の影響が疑われる理化学性の変化が認められる。⑤ これらの変化はただちに人の健康ならびに流域の植物や水生生物などの生態に影響を及ぼすレベルではない。

東アジア酸性雨モニタリングネットワーク

カンボジア，中国，インドネシア，日本，韓国，ラオス，マレーシア，モンゴル，フィリピン，ロシア，タイ，ベトナム，ミャンマーの 13 カ国が参加している。

※：当該年平均値が有効判定基準に適合せず、棄却された。
注：平均値は降水量加重平均により求めた。
資料：環境省

図 4-11　日本各地の降水 pH
（環境省，「環境・循環型社会・生物多様性白書　令和 5 年版」）

出規制や総量規制による排出量の削減などの対策がとられている。

4-4-2　有害廃棄物の越境移動

　1970 年代になると，有害廃棄物を自国内で処理せずに，処理費用の安い国あるいは処理に伴う規制の緩い国へ移動させることが，欧米各国を中心に頻繁に行われるようになった。さらに 1980 年代後半になると，これが先進国から開発途上国への移動という図式に変わってきた。しかも持ち込まれた有害廃棄物がそのまま放置され，重大な環境汚染を引き起こす事件がたびたび発生する事態となった。例えば，ノルウェーの会社がアメリカからギニアに 15,000 トンの有害廃棄物を持ち込み，樹木を枯死させる事件などが発生した。そこで，国連環境計画 United Nations

国連環境計画（UNEP）
　かけがえのない地球を合い言葉として，1972 年にストックホルムで開催された国連人間環境会議において採択された「人間環境宣言」および「環境国際行動計画」を実施に移すための機関として，同年の国連総会会議により設立された。この機関は，既存の国連機関が行っている環境に関する諸活動を総合的に調整管理すると共に，国連諸機関が着手していない環境問題に関して，国際協力を推進することを目的としている。

Environment Programme（UNEP）を中心に国際的なルールづくりが検討され，1989 年にスイスのバーゼルにおいて「有害廃棄物の国境を超える移動およびその処分の規制に関するバーゼル条約」が採択された。

　その内容は，有害廃棄物などの越境移動の原則禁止（有害廃棄物などを輸出する際の輸入国・通過国への事前通告および同意取得），自国内処分の原則，違法越境移動の際の廃棄物発生国への再輸入措置，廃棄物処理のための途上国に対する技術上その他の国際協力などである。わが国は 1993 年 9 月に同条約に加入すると共に，同年 12 月には，その国内法である「特定有害廃棄物等の輸出入等の規制に関する法律」を施行した。

4-4-3　海洋汚染

　海洋汚染とは陸上からの環境負荷による海洋の汚濁・汚染のことであり，ごみや産業廃棄物の海洋投棄，船舶事故などによる原油流出，工場や家庭の排水あるいは農薬などの化学物質の流入などがある。

　海洋汚染は海を介して周辺の国々や海域に影響を及ぼすことから，その対策には国際的な協力が必要である。1972 年には廃棄物の海洋投棄処分を原則禁止する，例外的に処分が認められる廃棄物についての有害性の評価を定めた，ロンドン条約（廃棄物その他の投棄による海洋汚染の防止に関する条約）が採択され，1973 年には油および有害液体物質の海上輸送や船舶からの廃棄物投棄を規制したマルポール条約（船舶の航行や事故による汚染の防止のための国際条約）が採択された。さらに 1990 年には油の大量流出事故の発生防止と対策に関する OPRC 条約（油による汚染に係る準備，対応および協力に関する国際条約），2001 年には有機スズ化合物を含有する塗料の使用を規制した AFS 条約（船舶についての有害な防汚方法の管理に関する国際条約）が採択された。

　2018 ～ 2022 年の日本周辺海域における海洋汚染の発生確認件数を図 4-12 に示した。油による汚染が最も多く，廃棄物による汚染が続いている。近年は，外国由来のものを含む漂流・漂着ごみ（廃油ボール，発砲スチロール，ビニールやプラスチックなど）による生態系を含めた環境・景観の悪化，船舶の安全航行の確保や漁業への被害などの深刻化が指摘されている。

OPRC 条約

　正式名称は International Convention on Oil Pollution Preparedness, Response and Cooperation である。

AFS 条約

　正式名称は International Convention on the Control of Harmful Anti-fouling System on Ships である。トリブチルスズ（TBT）を含有した船舶用船底塗料の使用禁止に関するものであることから，TBT 条約とも呼ばれる。

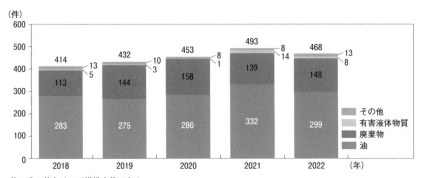

注：その他とは、工場排水等である。
資料：海上保安庁

図 4-12 日本周辺海域の海洋汚染の発生件数
（環境省，「環境・循環型社会・生物多様性白書　令和 5 年版」）

| コラム | 海洋プラスチックごみ |

　海洋に流出する廃プラスチック類（海洋プラスチックごみ）による海洋汚染は，地球規模で広がっている。なかでもマイクロプラスチック（5 mm 以下の微細なプラスチック類）による海洋生態系への影響が世界的に懸念されている。1950 年以降，プラスチック類は 83 億トン超が生産されたが，そのうち 63 億トンが，ごみとして廃棄された。そして，毎年約 800 万トンのプラスチックごみが海洋に流出していると試算されている。環境省の 2016 年度の調査では，回収したペットボトルに占める外国製の割合は，奄美 80%，対馬 57%，串本 47%，根室 20% などとなっている。

5 室内環境と大気環境

5-1 室内環境

　室内環境は，室内空気，照度，および騒音に大別できる。さらに室内空気に関連する指標としては，温度感覚に関するものと空気汚染に関するものがあげられる。

5-1-1 温度感覚に関する指標

　温度感覚に影響を与える因子としては，気温，気湿，気動，輻射の4つがあげられる。これらは温熱4要素と総称されることがある。

(1) 気温（温度）

　気温の単位は摂氏（℃）が一般的であるが，米国などでは華氏（℉）が用いられている。温度測定には様々な種類の温度計が用いられるが，室内の気温の測定にはアスマン通風乾湿計（図5-1）が汎用されている。アスマン通風乾湿計では，送風機から一定の速度（3～5 m/sec）で通風することにより，輻射熱や気動の影響を排除して温度を測定できる。

　人は恒温動物であり，体温を37℃程度に保持するための体温調節機構が働いている。体温調節には熱放散を行う物理的体温調節（伝導，対流，輻射，水分蒸発）と熱産生を行う化学的体温調節があり，そのバランスによって体温が一定に保たれている。人が快適と感じるのは，熱放散と熱産生が釣り合い，体温維持のための発汗や余分な熱産生を必要としないときである。「建築物における衛生的環境の確保に関する法律（建築物衛生法）」や学校環境衛生基準では，気温18～28℃が望ましいとされている。

　コラム　摂氏と華氏

　現在は，ほとんどの国において気温には摂氏（℃：Celsius）が用いられている。しかしながら，米国では日常生活でも華氏（℉：Farenheit）が使

われている。摂氏は1気圧における水の凝固点と沸点，一方の華氏は氷と
塩の混合物の温度および人の体温を基とした温度単位である。両単位の関
係は，摂氏 =5/9×（華氏－32）である。つまり，32 ℉が 0 ℃，50 ℉が 10 ℃
となる。

（2）気湿（湿度）

　空気中の水分量を表す気湿（湿度）には，絶対湿度と相対湿度の2つ
の表し方がある。しかし絶対湿度（空気中の水分の絶対量：$H_2O\ g/m^3$）
は，温度感覚的には意味があまりなく，通常は相対湿度（％）が用いら
れる。相対湿度は（実際の水蒸気圧／その気圧における飽和水蒸気圧）
×100 で表されるが，実際にはアスマン通風乾湿計（図5-1）やアウグス
ツ乾湿計（図5-2）などを用いて測定される。最近では，デジタル時計
に温度計と湿度計が内蔵されたものが一般家庭用に販売されている。

　至適湿度は気温によって異なり，15 ℃では 70％，18 〜 20 ℃では
60％，21 〜 23 ℃では 50％，24 ℃以上では 40％とされている。

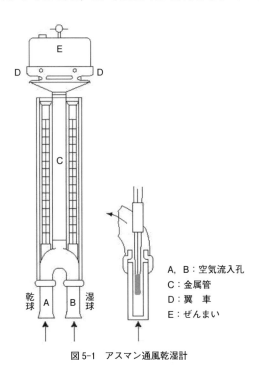

A，B：空気流入孔
C：金属管
D：翼　車
E：ぜんまい

乾球　A　B　湿球

図 5-1　アスマン通風乾湿計

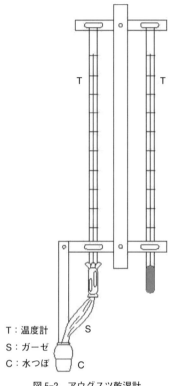

T：温度計　　S
S：ガーゼ
C：水つぼ　　C

図 5-2　アウグスツ乾湿計

> **コラム　不快指数**
>
> 　不快指数 Discomfort Index（DI）は気温と気湿の総合指標であり，摂氏の場合には，0.72×（乾球の温度＋湿球の温度）＋40.6 で算出される。70 を超えると 10%，75 以上では 50%，80 以上では 100% の人が不快を感じるといわれている。しかし米国で考案された指標であるため，高温多湿に慣れた日本人にはそのままでは当てはまらず，少し高めに数値がずれると考えられている。

（3）気動（気流，対流）

　室内における空気の流動を気動といい，風速と同じ単位（m/sec）で表される。人への影響は気温や気湿などによっても異なるが，1 m/sec で体感温度が約 3℃ 下がるといわれている。気動の測定にはカタ温度計（図 5-3）が用いられる。これは人の体温付近の物体表面からの放熱速度を測定するために考案されたものであり，温めたカタ温度計で標線 A（38℃）から標線 B（35℃）までの冷却に要する時間 T（sec）を測定す

る。また，カタ温度計には固有のカタ係数 F（38℃から35℃までの冷却の間に球部表面1 cm^{2}から放出される熱量：mcal/cm^2）が決まっている。したがって，T を測定することによって，カタ冷却力 $H=F/T$（1 cm^{2}から1秒間に放出される熱量：mcal/cm^2/sec）が求められる。さらには，次式によって気動 V が求められる。

気動 V が1 m/sec 以下の場合

$$V=\left(\frac{H/\theta-0.20}{0.40}\right)^2$$

気動 V が1 m/sec 以上の場合

$$V=\left(\frac{H/\theta-0.13}{0.47}\right)^2$$

θ：36.5℃と気温との温度差

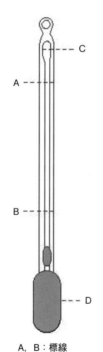

A，B：標線
C：安全球
D：アルコール球部

図5-3　カタ温度計

━━ コラム ━━　カタ冷却力

　カタ冷却力は，カタ温度計の表面1 cm^{2}から1秒間に放出される熱量（mcal）であるが，測定温度が人の体温付近の38～35℃であるため，人

の皮膚からの熱放出量のモデルとなる。

カタ冷却力には、乾カタ冷却力と湿カタ冷却力がある。カタ温度計のアルコール球部が乾いた状態で測定するものが乾カタ冷却力であり、アルコール球部を純絹製の布で覆い濡らした状態で測定するものが湿カタ冷却力である。乾カタ冷却力は乾いた皮膚、湿カタ冷却力は汗をかいた際の皮膚からの熱放出量の目安であり、それぞれ 6 ～ 8, 18 ～ 26 程度であれば快適な環境である。

(4) 輻射熱（黒球温度）

輻射熱とは、高温の物質（太陽、暖房器具など）から放出された赤外線が別の物質に吸収された際に発生する熱を言う。ほとんど反射しない黒色塗料が表面に塗られた薄い銅板の球（中は空洞）の中心に温度計が挿入された黒球温度計を用いて測定する。

(5) 感覚温度（実効温度）

感覚温度は、人の体感温度（温度感覚）に影響を与える気温、気湿、気動の 3 要因を複合した指標であり、体感温度と同一の温度感を与える静止した（気動 0 m/sec）飽湿（相対湿度 100％）空気の温度を指す。アスマン通風乾湿計などで測定した気温と気湿、カタ温度計で測定した気動を感覚温度図表（図 5-4）に適用することで求められる。感覚温度図表は、多くの被験者の体感温度に基づいて作成された図表であり、50％以上のヒトが快適と感じる温度範囲が快適帯となっている。しかし感覚温度には熱輻射（輻射熱）の影響が考慮されていないため、窓際などの日当りの良い場所については、熱輻射を加えた 4 要因を複合した修正感覚温度が用いられる。この他に、湿球黒球温度（暑さ指数）がスポーツ時などの熱中症予防の指標として用いられている。

湿球黒球温度（暑さ指数）

湿球黒球温度指数 Wet Bulb Globe Temperature (WBGT) は、湿球温度 (℃)、黒球温度 (℃)、気温 (℃) を複合した指標であり、日射のある屋外については、WBGT=(0.7×湿球温度)+(0.2×黒球温度)+(0.1×気温) によって、屋内または日射のない屋外については、WBGT=(0.7×湿球温度)+(0.3×黒球温度) によって求められる。日常生活に関する指針は日本生気象学会から「日常生活に関する熱中症予防指針」として、運動に関する指針は日本体育協会から「熱中症予防運動指針」として公表されている。

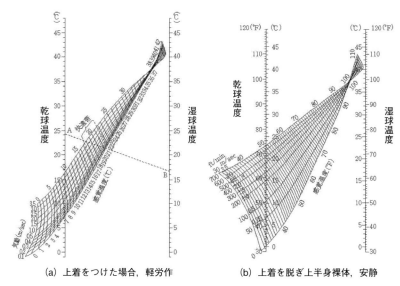

(a) 上着をつけた場合，軽労作　　　(b) 上着を脱ぎ上半身裸体，安静

図 5-4　感覚温度図表

5-1-2　室内空気の汚染

　建築物環境衛生管理基準では温度感覚に関する温度，湿度，気流の他，汚染に関する指標として二酸化炭素，一酸化炭素，浮遊粉じん，ホルムアルデヒドの基準値が定められている。一方，住居の気密化が進み有害物質が屋外に排気され難くなったこと，様々な化学物質を含む建築資材が多く使われるようになったことから，最近では，ハウスダストや揮発性有機化合物による室内空気の汚染が新たな問題となっている。

(1)　二酸化炭素

　室内の二酸化炭素濃度は，人の呼気や各種燃焼器具の使用などによって増加する。二酸化炭素の毒性はあまり強くはないが，4％以上になると頭痛，耳鳴り，めまい，血圧上昇などがみられ，6％では呼吸困難となる。さらに8〜10％になると意識不明となり，チアノーゼを起こして呼吸が停止し，死に至る。

　室内の二酸化炭素濃度は，他の物質による室内空気汚染の指標になると考えられ，換気量の目安となる。労働衛生上の許容濃度は0.5％であり，建築物環境衛生管理基準では0.1％以下，学校環境衛生基準では0.15％以下となっている。

　二酸化炭素は測長法検知管を用いて測定する。検知管とは，キャピラリーに検知剤を充てんしたものであり，これに一定量の空気を導入し，

二酸化炭素と検知剤の反応による pH の変化を指示薬の色調変化で検出する。

(2) 一酸化炭素

　一酸化炭素は暖房や調理などにおいて，化石燃料や炭などを使用する際の不完全燃焼によって生成する。ヘモグロビンと強く結合して酸素の運搬を阻害するため，全身が酸素欠乏状態となる。労働衛生上の許容濃度は 50 ppm であり，建築物環境衛生管理基準および学校環境衛生基準は 6 ppm 以下である。

　一酸化炭素も測長法検知管を用いて測定する。検知管内では，亜硫酸パラジウムカリウムおよび塩化パラジウムナトリウムと一酸化炭素との反応によって，パラジウムが還元され，酸性物質が発生する。

(3) ハウスダスト

　室内のほこりのうち，1 mm 以内の肉眼では見えにくいものをハウスダストといい，衣類などの繊維くず，ダニの死骸や糞，ペットの毛，花粉，タバコの煙，カビや細菌などの微生物が含まれる。これらの物質は鼻炎，結膜炎，ぜんそくなどの症状を特徴とするアレルギー（ハウスダストアレルギー）の原因となる。

(4) 揮発性有機化合物

　近年では住居の気密化にともなって，建築資材などに使われていた揮発性有機化合物 Volatile Organic Compounds（VOCs）による健康被害が問題となっている。例えば，接着剤の溶剤などに広く用いられるホルムアルデヒドは，粘膜刺激作用が強く，建築物環境衛生管理基準や学校環境衛生基準では，0.08 ppm 以下と定められている。ホルムアルデヒドの他，トルエンやキシレンなどの溶剤，シロアリ駆除剤に使用されるクロルピリホスを含めた 13 物質については，室内濃度指針値が定められている（表5-1）。さらには包括的な指標として，総揮発性有機化合物の暫定目標値 400 μg/m^3 が定められている。なおクロルピリホスについては，2003 年から居室を有する建築物への使用が禁止されている。VOCs は，アレルギー様あるいはアトピー性皮膚炎様の疾病（主な症状は鼻水，のどの乾き，吐き気，頭痛，湿疹など）であるシックハウス症候群の原因となる。

表 5-1　室内空気汚染物質の室内濃度指針値

揮発性有機化合物	毒性指標	室内濃度指針値
ホルムアルデヒド	人曝露における鼻咽頭粘膜への刺激	$100\,\mu g/m^3$ (0.08 ppm)
トルエン	人曝露における神経行動機能および生殖発生への影響	$260\,\mu g/m^3$ (0.07 ppm)
キシレン	妊娠ラット曝露における出生児の中枢神経系発達への影響	$200\,\mu g/m^3$ (0.05 ppm)
パラジクロロベンゼン	ビーグル犬曝露における肝臓および腎臓などへの影響	$240\,\mu g/m^3$ (0.04 ppm)
エチルベンゼン	マウスおよびラット曝露における肝臓および腎臓などへの影響	$3800\,\mu g/m^3$ (0.88 ppm)
スチレン	ラット曝露における脳や肝臓への影響	$220\,\mu g/m^3$ (0.05 ppm)
クロルピリホス	母ラット曝露における新生児の神経発達への影響および新生児脳への形態学的影響	$1\,\mu g/m^3$ (0.07 ppb) ただし，小児の場合は， $0.1\,\mu g/m^3$ (0.007 ppb)
フタル酸ジ -n- ブチル	母ラット曝露における新生児の生殖器の構造異常等の影響	$17\,\mu g/m^3$ (1.5 ppb)
テトラデカン	C_8-C_{16} 混合物のラット曝露における肝臓への影響	$330\,\mu g/m^3$ (0.04 ppm)
フタル酸ジ -2- エチルヘキシル	ラット曝露における精巣への病理組織学的影響	$100\,\mu g/m^3$ (6.3 ppb)
ダイアジノン	ラット曝露における血漿および赤血球コリンエステラーゼ活性への影響	$0.29\,\mu g/m^3$ (0.02 ppb)
アセトアルデヒド	ラット曝露における鼻腔嗅覚上皮への影響	$48\,\mu g/m^3$ (0.03 ppm)
フェノブカルブ	ラット曝露におけるコリンエステラーゼ活性などへの影響	$33\,\mu g/m^3$ (3.8 ppb)

5-2　非電離放射線と電離放射線

　自然界では様々な物質から多様なエネルギー波が放射されている。これらをまとめて放射線と呼んでいる。放射線には高運動エネルギーを持った粒子である粒子線，高エネルギーを持った波動である電磁波が存在する。また原子や分子に直接あるいは間接的に作用してイオン化させる電離能の有無によって，電離放射線と非電離放射線に分けられる。電離放射線は高エネルギー波であり，非電離放射線は電波，可視光線，紫外線，赤外線など，質量を持たない電磁波である。非電離放射線のエネルギーは波長の長さに依存しており，短波長のものほど，エネルギーが大

きく透過力が低い。

5-2-1　非電離放射線

（1）紫外線

　紫外線（UV）は波長 400 nm 以下の非電離放射線であり，地表に到達する太陽光の 6％ を占めている。波長が 315 ～ 400 nm の紫外線を UVA，280 ～ 315 nm を UVB，100 ～ 280 nm を UVC と呼んでいるが，UVC は成層圏のオゾン層において吸収されるため，地表にはほとんど到達していない。しかし近年では，フロンなどによるオゾン層の破壊および紫外線量の増加が懸念されている。

　紫外線は活性酸素種の産生や突然変異の誘発，皮膚がんのリスクの増大などを引き起こす。生体構成成分のうち，タンパク質中の芳香族アミノ酸は 280 nm，核酸は 260 nm 付近に吸収帯があるため，これらの波長にあたる UVC は，生物に対して強い障害作用を示す。特に殺菌作用は 250 ～ 260 nm 付近で最も強く（図 5-5），殺菌灯には 254 nm のものが用いられている。しかし透過力が低い（0.2 mm 以下）ため，殺菌作用は対象物の表面に限定される。紫外線の遺伝的障害作用は，チミンダイマーをはじめとするピリミジン二量体の形成と突然変異の誘発に基づいている。したがって，紫外線が皮膚を透過しやすい白色人種では，紫外線が透過しにくい有色人種よりも皮膚がんの発生率が高いとされる。

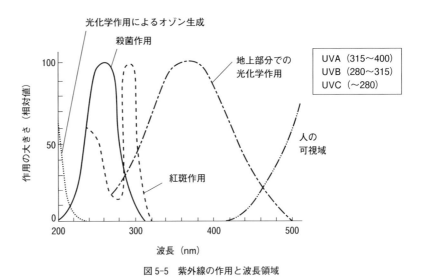

図 5-5　紫外線の作用と波長領域

　ドルノ線（健康線）と呼ばれる 290 ～ 320 nm の紫外線（主に UVB）は，プロビタミン D_3（7-ヒドロコレステロール）をビタミン D_3 に変換

する作用を有し（図2-3），健康にはプラスの影響を与える。しかし近年では，オゾン層の破壊による紫外線量の増加と害作用がより注目されている。また297 nm前後のUVBは，急性の障害作用として，皮膚では微小血管系の透過性亢進による紅斑・水疱の形成，皮膚の剥離というサンバーン（日焼け）を誘発し（図5-5），眼では角膜や結膜の炎症，老人性白内障を起こす。サンバーンの後には皮膚の肥厚とメラニン色素の形成による黒化が起こるが，これは紫外線を防御するための生体の適応現象である。

（2）赤外線

赤外線は可視光線の長波長側の電磁波であり，物質に吸収されると熱作用を生ずる。そのため熱線あるいは熱輻射と言われる。物体は温度に応じて赤外線を放出しており，熱源からの照射で温感を感じるのは赤外線のためである。波長域によって，近赤外線（760〜2500 nm），中赤外線（2500 nm〜4 μm），遠赤外線（4 μm〜1 mm）に分類される。赤外線は透過力が高く，1.5〜4 mmの深さにまで達するため，眼の水晶体から深部にまで到達し，熱性白内障を起こす。特に，ガラス加工や溶接を生業とする人々には，ガラス工白内障と呼ばれる職業病が認められる。

5-2-2　電離放射線

（1）電離放射線の種類

電離放射線はα線やβ線などの粒子線，γ線やX線などの電磁波に大別される。α線はα壊変によって放出されるヘリウム原子に相当する粒子の流れであり，α壊変後の娘核種では，親核種よりも原子番号が2，質量数が4減少している。α線は核種ごとに固有の運動エネルギーをもっている。しかし他の放射線よりも質量がはるかに大きいため，長距離を飛行することはできない。β線はβ壊変によって放出される陰電子（β^-壊変）あるいは陽電子（β^+壊変）の流れである。β壊変後の娘核種では，原子番号は1増減しているが質量数は変わらない。またα線とは異なり，β線のエネルギー分布は連続したスペクトルを示す。γ線は原子核が励起状態から基底状態に移る際に放出される電磁波である。核種ごとに原子核のエネルギー準位が量子化されており，そのエネルギー差がγ線として放出されるため，γ線のエネルギー分布は核種固有の線スペクトルを示す。X線は軌道電子がエネルギー準位の高い軌道から低い軌道に戻る際（特性X線），あるいは粒子線が物質との相互作用によっ

老人性白内障

眼の水晶体は紫外線に対して抵抗力がある。しかし老化によって，代謝が衰えると変性白濁して老人性白内障の原因となる。

て減速する際（制動X線）に発生する。

一般環境には宇宙線や地殻の天然放射性核種に由来する放射線が存在しているが，健康被害はほとんど無視できるレベルにある。

天然放射性核種は一次放射性核種，二次放射性核種，誘導放射性核種に分類される。一次放射性核種は，地球誕生時に存在していた放射性核種のうち，半減期が1億年以上と長いため現在も残存している核種である。代表的なものは ^{40}K，^{87}Rb，^{232}Th，^{235}U，^{238}U などである。二次放射性核種は，半減期の非常に長い ^{238}U，^{232}Th あるいは ^{235}U を親核種とする放射性壊変系列によって安定に供給されている核種である。^{238}U を親核種とするウラン系列（4n＋2系列），^{232}Th を親核種とするトリウム系列（4n系列），^{235}U を親核種とするアクチニウム系列（4n＋3系列）が存在する。なお，現在は存在しないが，地球誕生時には ^{237}Np を親核種とするネプツニウム系列（4n＋1系列）も存在していた。ウラン系列は ^{206}Pb，トリウム系列は ^{208}Pb，アクチニウム系列は ^{207}Pb で終了し，ネプツニウム系列は ^{208}Bi で終了する。したがって，Pb や Bi よりも原子番号が大きい Po 以上の元素には放射性核種が存在する。誘導放射性核種は，宇宙から地球に降り注ぐエネルギーの高い陽子線や α 線からなる宇宙線と大気との反応によって生成される核種であり，^{3}H，^{7}Be，^{14}C，^{22}Na などが該当する。

> **コラム　放射線の線量**
>
> 放射線が物質を通過する際の放射線量を線量といい，吸収線量や等価線量などがある。吸収線量は，放射線の照射により吸収されたエネルギーを物質の単位質量当たりで表したものである。単位は Gy（グレイ）であり 1 Gy は 1 J/kg となる。等価線量は，放射線の種類によって生じる健康被害の程度が異なることを考慮した線量である。全身あるいは組織・臓器の全体への被曝として平均化した線量であり，組織や臓器の各々について吸収線量と放射線荷重係数（放射線の種類やエネルギーによって組織・臓器が受ける影響の程度が異なることを考慮した補正係数）の積を求め，それらの総和として表される。等価線量の単位は Sv（シーベルト）である。

核実験や原子力関連施設の事故などによって拡散した放射性物質，特に人工放射性核種が，フォールアウト（放射性降下物）として大気や水，食品などを汚染すると，健康に影響を与える可能性がある。人工放射性核種は核反応や核分裂により生成されるものであり，^{131}I，^{137}Cs，^{90}Sr などが代表的な核種である。^{131}I などの放射性ヨウ素は通常のヨウ素と同じく甲状腺に集積して甲状腺がんのリスクを上げる。^{137}Cs はカリウム，

^{90}Sr はカルシウムと同様な体内動態を示し，それぞれ心筋と骨髄に蓄積される。

(2) 電離放射線の生体に対する作用

電離放射線による健康被害は，経時的に物理的過程（分子の電離や励起），化学的過程（分子の変化），生化学的過程（細胞の変化），生物学的過程（組織や個体の変化）の4つの過程に分けられるが，直接に関与するのは最初の物理的過程である。

物理的過程および化学的過程では，電離放射線のエネルギーによって，DNA 鎖切断などの細胞内標的分子の機能破壊が誘発される。この初期過程において，α 線は標的分子に直接作用して機能を破壊するが，β 線，γ 線，X 線は水分子に作用して反応性の高い活性酸素種などを生成し，これが標的分子に作用する。つまり β 線，γ 線，X 線は間接的な作用によって標的分子の機能を破壊する。

細胞の活動は，DNA 合成を開始するまでの G_1 期，DNA 合成を行う S 期，DNA 合成の終了後，細胞分裂を開始するまでの G_2 期，細胞分裂を行う M 期の4つの時期に分けられるが，放射線による DNA 鎖の切断は細胞分裂時の染色体（DNA）の不均等な配分，および異常な細胞の出現を導く。そのため，放射線への感受性は M 期の細胞が最も高い。放射線の照射後，何回か分裂したのち細胞死に至ることを増殖死といい，大線量の放射線照射によって，分裂することなく細胞死に至ることを間期死という。

組織・臓器の放射線への感受性は，ベルゴニー・トリボンドーの法則に従う。すなわち，細胞再生系組織（造血系組織，リンパ組織，生殖腺，腸上皮，皮膚，水晶体上皮）が最も感受性が高く，これに潜在的再生系組織（肝臓，甲状腺）が続き，非再生系組織（筋肉，神経組織，結合組織）は感受性が極めて低い。また小児や胎児は，成人よりも感受性が高い。造血系組織では骨髄，脾臓，胸腺，リンパ節は非常に高感受性であるが，末梢血は骨髄などと比較すると低感受性である。消化器系組織では上皮のクリプト細胞（上皮細胞の幹細胞），生殖組織では精原細胞や若い卵母細胞，皮膚（表皮，真皮，皮下組織）では，表皮の最下層（真皮との境界層）が最も感受性が高い。

個体レベルでの影響は，確定的影響（線量の大きさに依存して重篤度が強くなる影響）と確率的影響（線量の大きさに依存して発生率が増加する影響）に分けられる。確定的影響は，急性放射線死などの急性障害，白内障，再生不良性貧血，寿命短縮などの晩発障害であるが，いずれも

> **ベルゴニー・トリボンドーの法則**
> 放射線の組織・臓器に及ぼす影響に関する法則であり，① 細胞の再生能力が強い（分裂頻度が高い）ものほど感受性が高い，② 細胞分裂の期間が長い（将来の細胞分裂の数が多い）ものほど感受性が高い，③ 形態的，機能的に未分化なものほど感受性が高いという法則である。

障害の発生にはしきい値が存在する。したがって，しきい値以下に被曝を制限すれば障害を防ぐことができる。一方の確率的影響は発がんや遺伝的影響であるが，この影響にはしきい値が存在しない。したがって，いくら低線量の被曝であっても影響のリスクが増大する。

5-3 大気環境の汚染物質

　空気とは大気圏の下層部分（地上から $10 \sim 12\,km$ まで）にあたる対流圏を構成する気体である。乾燥した空気の組成は，主として窒素 78.09%，酸素 20.95%，アルゴン 0.93%，二酸化炭素 0.04% で構成されており，これらが全体の 99.99% を占めている。このうち二酸化炭素は，石油や石炭などの化石燃料の消費拡大，森林の伐採などによって増加傾向にあり，地球温暖化との関連性も指摘されている。空気中には気体成分の他，液体あるいは固体の微粒子が浮遊している。これらの浮遊微粒子をエアロゾル Aerosol という。エアロゾルは様々な粒径をもつが，粒径 $10\,\mu m$ 以下のものは呼吸器系に強い障害を及ぼすため，浮遊粒子状物質として大気汚染物質に指定されている。

　わが国における環境対策に関する基本法は，1993 年に制定された「環境基本法」である。環境基本法に基づいて定められている環境基準のうち，大気汚染に係る環境基準は二酸化硫黄，二酸化窒素，一酸化炭素，浮遊粒子状物質，および光化学オキシダントの 5 種類について設定されている。環境基準は人の健康を保護し，生活環境を保全する上で維持されることが望ましい濃度であり，健康被害を防止するための具体的な目標値となっている。

　その他，ベンゼン，トリクロロエチレン，テトラクロロエチレンおよびジクロロメタンの 4 物質については，有害大気汚染物質として環境基準が定められている。また 2009 年には，微小粒子状物質（$PM_{2.5}$）に関する環境基準が追加設定された。

　大気汚染物質の発生源は，工場などの固定発生源と自動車や航空機などの移動発生源に分けられる。固定発生源に関しては一般環境大気測定局（一般局）において，移動発生源に関しては自動車排出ガス測定局（自排局）において大気中濃度を常時自動観測している。

　環境基本法の他，「ダイオキシン類対策特別措置法」では，ダイオキシン類の大気中の環境基準が設定されている。また自動車から排出される窒素酸化物および浮遊粒子状物質の総量を抑制するために，「自動車から排出される窒素酸化物および粒子状物質の特定地域における総量の削

浮遊粒子状物質

　浮遊微粒子は一次および二次粒子状物質に分類される。一次粒子状物質は花粉，土壌粒子，海塩粒子，道路の粉じん，ばい煙など，発生源から大気中へ直接放出される物質である。一方の二次粒子状物質は，気体として大気中に放出された物質が大気中での化学反応によって粒子状になったものであり，微小な粒子であることが特徴である。例えば，大気中の二酸化硫黄が酸化され水と結合すると硫酸ミストとなる。

大気汚染物質

　大気汚染物質は，発生源から直接排出される一次汚染物質，一次汚染物質が大気成分や他の汚染物質の共存下に光化学反応などで変化して生じる二次汚染物質に分類される。二酸化硫黄，二酸化窒素，一酸化炭素，浮遊粒子状物質は一次汚染物質であり，光化学オキシダントは二次汚染物質である。

減などに関する特別措置法（自動車 NOx・PM 法）」が制定されている。さらには「大気汚染防止法」が 1993 年に制定されている。大気汚染防止法は，ばい煙，揮発性有機化合物，粉じん，有害大気汚染物質，および自動車排出ガスの 5 種類を対象としている。このうち，粉じんに関しては，人の健康に被害を生じるおそれのあるものを特定粉じん，それ以外のものを一般粉じんと定めている。特定粉じんにはアスベスト（石綿）が指定されている。

5-3-1 二酸化硫黄

大気中の硫黄酸化物 SOx のほとんどは，二酸化硫黄 SO_2 と三酸化硫黄 SO_3 である。SOx は燃焼によって，石炭や重油などの燃料に含まれる硫黄が酸化され発生するが，その大部分は SO_2 である。SO_2 は大気中でオゾンなどの過酸化物や紫外線などによって SO_3 となり，これに水分子が結合すると硫酸ミストとなる。

SOx は人の呼吸器粘膜を刺激し，ぜんそく様の発作や気管支炎などを起こす。四大公害病の 1 つである四日市ぜんそくの原因物質は硫黄酸化物であった。また酸性雨の原因物質にもなる。

SO_2 濃度の年平均値の推移は，図 5-6 のとおりである。1960 年代後半には，脱硫対策の極めて不十分な重油などが大量消費されていたため，SO_2 濃度は 0.06 ppm に達していた。しかし大気汚染防止法によって，ばい煙発生施設の排出口濃度を煙突の有効高さ（H_e）と地域ごとに定めた K 値から算出した値（Q）で規制した（いわゆる K 値規制）結果，急激に SO_2 濃度は低下し，1985 年度以後は 0.01 ppm のレベルとなった。現在では，一般局および自排局ともに年平均値 0.002 ppm 以下と極めて低い濃度で落ち着いている。わが国において SO_2 汚染が著しく改善され

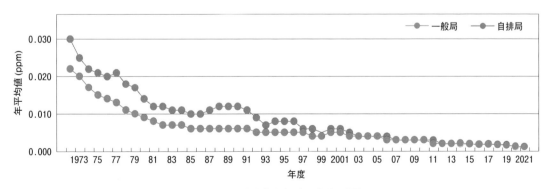

図 5-6　二酸化硫黄濃度の年平均値の推移
（環境省，「令和 3 年度大気汚染状況について（報道発表資料）」より）

たのは，施設単位の排出基準（K値規制）および工場単位の総量規制基準による排出規制，固定発生源における低硫黄燃料の使用，高性能の排煙脱硫装置の設置などの諸対策が講じられたことによる。

5-3-2　一酸化炭素

一酸化炭素 CO は，ヘモグロビンとの結合力が酸素よりも 200 倍以上強く，各組織への酸素の運搬・供給を阻害する。そのために，貧血，頭痛，めまいなどの症状をひき起こし，重症の場合には死亡させる。大気中の CO は燃料の不完全燃焼によって発生するが，主な発生源はガソリン車であり，特にアイドリングや減速の際の排出ガス中に多く含まれる。

一般局および自排局の CO 濃度の年平均値の推移は，図 5-7 のとおりである。1966 年に自動車の排出ガスに対する規制が開始され，その後も逐次強化されてきた。その結果，大気中の CO 濃度は大幅に改善され，一般局および自排局の年平均値は，現在では 0.2 ppm および 0.3 ppm 程度となっている。近年では，一般局における測定値はほぼ横ばい，自排局における測定値は漸減傾向となっている。

―― 環境基準の達成率 ――

2021 年度の環境基準達成率は，二酸化硫黄が一般局 99.8％，自排局 100％，一酸化炭素が一般局 100％，自排局 100％，二酸化窒素が一般局 100％，自排局 100％，浮遊粒子状物質が一般局 100％，自排局 100％であり極めて高い。また微小粒子状物質も一般局，自排局ともに 100％である。しかし光化学オキシダントは，一般局 0.2％，自排局 0％である。

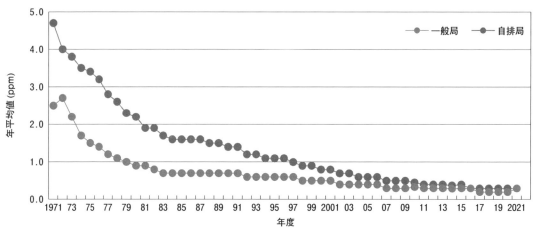

図 5-7　一酸化炭素濃度の年平均値の推移
（環境省，「令和 3 年度大気汚染状況について（報道発表資料)」より）

5-3-3　二酸化窒素

燃焼温度が 1,500 ℃を超えると，大気中の酸素と窒素とが反応して，一酸化窒素 NO や二酸化窒素 NO_2 の窒素酸化物 NOx が生成する。燃焼時に発生する窒素酸化物の大部分は NO であるが，大気中で酸化され NO_2 に変化する。NOx 発生への寄与としては，燃料中に含まれている窒

素の酸化（フューエル NOx）よりも，高温燃焼に起因する大気中の窒素の酸化（サーマル NOx）の方がはるか大きい。発生源としては，ボイラーなどの固定発生源，および自動車，船舶，航空機などの移動発生源が主であるが，一般家庭でもストーブ，コンロ，タバコなどから発生する。血液中の NOx はメトヘモグロビンを生成して毒性を発揮する。また NO は血液中でヘモグロビンと結合しやすく，酸素の約 30 万倍の親和性を示す。一方，NO_2 は気管支炎や肺気腫などの肺障害を引き起こす。さらに NO_2 は光化学反応によってオゾンなどの光化学オキシダントを生成する他，SOx と同様に酸性雨の原因物質にもなる．

NO_2 濃度の年平均値の年次推移を図 5-8 に示した。一般局，自排局と

> **ミスト**
>
> 大気中の粉じんを核として周囲に液体が凝縮する，あるいは液体が微細に分散することで形成される微細な液滴コロイドであり，エアロゾルの一種である。主な発生源はボイラーなどの固定発生源である。自動車などの移動発生源の寄与は，燃料のガソリンの硫黄含有量が少ないため大きくはない。

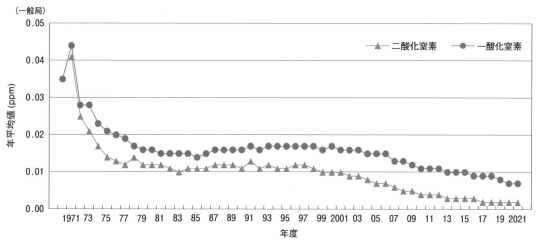

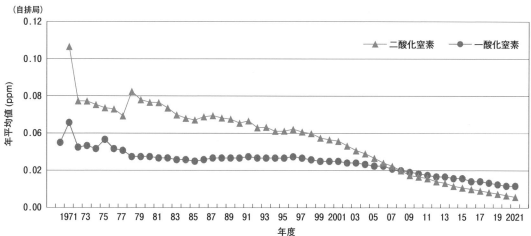

図 5-8　二酸化窒素および一酸化窒素濃度の年平均値の推移
（環境省，「令和 3 年度大気汚染状況について（報道発表資料）」より）

もに，近年は年平均値が緩やかに低下しており，2021 年度には一般局が 0.007 ppm，自排局が 0.014 ppm となっている。NOx の移動発生源対策として，自動車などから排出される NOx の総量を抑制するための法的規制強化がうち出され，自動車交通が集中している大都市とその周辺地域については，「自動車 NOx・PM 法」に基づいた種々の削減対策が講じられている。一方，固定発生源対策として，ばい煙発生施設については，施設ごとの排出規制が行われている。また工場が集中する地域については，工場単位での排出の総量規制が実施されている。これらの規制の他，排煙脱硝装置の設置や NOx 排出抑制技術の開発も進んでいる。

5-3-4　浮遊粒子状物質

　環境基準に定める浮遊粒子状物質 Suspended Particulate Matter（SPM）は，大気中に浮遊する粒径 $10\,\mu\mathrm{m}$ 以下の微小な粒子状物質である。浮遊粒子状物質にはダスト，ヒューム，ミストの 3 種類が存在するが，ダストは粒径 $1\,\mu\mathrm{m}$ を超える固体粒子，ヒュームは粒径 $0.1 \sim 1\,\mu\mathrm{m}$ の固体粒子，ミストは液体のコロイドである。浮遊粒子状物質は，ヒトに吸入されると気管支や肺胞に達するが，粒径 $0.1 \sim 1\,\mu\mathrm{m}$ のものは肺の深部にまで到達して沈着し，種々の健康被害をひき起こす。とくに無機の微粒子が肺胞にまで達すると，リンパ節に大きな繊維化結節が形成され肺機能が著しく低下する。

　粒子状物質の吸引を原因とする疾患をじん肺症という。じん肺は粒子状物質の種類により，ケイ肺，アルミナ肺，アスベスト肺，炭素肺などに分類される。なかでも天然鉱石に由来する繊維状ケイ酸塩であるアスベスト（石綿）は，肺がんや中皮腫の発生との強い関連性が指摘されている。

　浮遊粒子状物質の発生源は多様であり，人為的なものの他，土壌や海洋，火山などから発生する自然起源のものが含まれる。しかしながら，大気汚染物質として問題となるものは，鉱物堆積場などの施設から粉じんとして発生したり，化石燃料の燃焼に伴って発生したりする人為的なものである。燃焼に関して，工場や事業場のボイラーや焼却炉などから排出されるばい煙，ディーゼル車から排出される黒煙 Diesel Exhaust Particle（DEP）などには浮遊粒子状物質が多く含まれている。しかも，これら浮遊粒子状物質には，発がん性の高い多環芳香族炭化水素が吸着していることも多い。

　浮遊粒子状物質の大気中濃度の年平均値の推移を図 5-9 に示した。一般局，自排局ともに，近年は緩やかな減少傾向が続いており，2021 年度

には一般局が 0.012 mg/m³, 自排局が 0.013 mg/m³ となっている。工場から排出される浮遊粒子状物質に関しては，「大気汚染防止法」により規制されている。また自動車の排出ガスに関しては，ディーゼル車の排出ガスの規制強化が図られ，自動車交通が集中している大都市およびその周辺地域については，「自動車 NOx・PM 法」に基づいた種々の削減対策が講じられている。

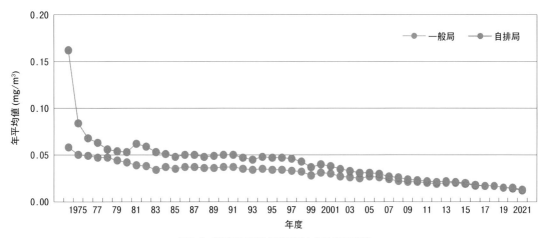

図 5-9　浮遊粒子状物質濃度の年平均値の推移
（環境省，「令和 3 年度大気汚染状況について（報道発表資料）」より）

5-3-5　微小粒子状物質

大気中に浮遊している浮遊粒子状物質のうち，粒径が 2.5 μm 以下の超微小粒子を微小粒子状物質（PM$_{2.5}$）という。2009 年には，1 年平均値が 151 μg/m³ 以下であり，かつ 1 日平均値が 35 μg/m³ 以下であるという環境基準が定められた。さらに 2014 年には，注意喚起のための暫定指針が定められた。2021 年度時点では，一般局 858 局および自排局 240 局で常時監視が行われており，速報値が逐次公表されている。2021 年度の年平均値は，一般局が 8.3 μg/m³, 自排局が 8.8 μg/m³ となっている。

5-3-6　光化学オキシダントと非メタン系炭化水素

光化学オキシダントとは，オレフィン類やアルキルベンゼンなどの非メタン系炭化水素と窒素酸化物 NOx から，太陽光の紫外線による光化学反応で生じたオゾンやペルオキシアシルナイトレート Peroxyacyl Nitrate（PAN）などの過酸化物であり，二次汚染物質の代表的なものである。光化学オキシダントの原因となる非メタン系炭化水素は，NOx と同様に自動車から排出されるが，その他にも塗装工場，印刷工場などの炭

化水素類を成分とする溶剤を使用する工場や事業場からも排出される。オゾン，PAN，アルデヒドなどの光化学オキシダントは，光化学スモッグの原因物質でもある。

わが国では，光化学オキシダントの主成分はオゾンであり，光化学オキシダントの有害作用は主にオゾンによるものである。人に対しては目や咽喉などの粘膜を刺激するため，涙が出たり喉が痛くなったりする。植物に対しても葉の変色などがみられる。またゴムを劣化させる作用が強く，自動車のタイヤなどが被害を受ける。光化学オキシダント濃度の1時間値が0.12 ppm以上になり，その状態が継続すると認められる場合には注意報が発令され，屋外での運動をさけるなどの被害を防ぐための措置がとられる。光化学オキシダント濃度は依然として環境基準を超えているが，注意報の発令回数や被害届出人数は，近年では減少する傾向にある（図5-10）。

非メタン系炭化水素の濃度については，一般局，自排局ともに緩やかに減少しており，2021年度は一般局では0.11 ppmC，自排局では0.12 ppmCとなっている（図5-11）。

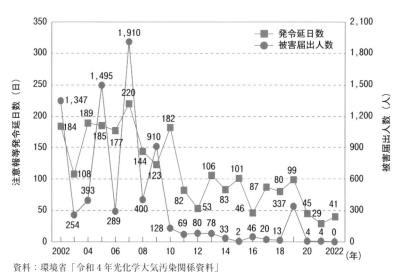

資料：環境省「令和4年光化学大気汚染関係資料」

図5-10　光化学オキシダント注意報等発令延べ日数および被害届出人数の推移
（環境省，「環境・循環型社会・生物多様性白書　令和5年版」）

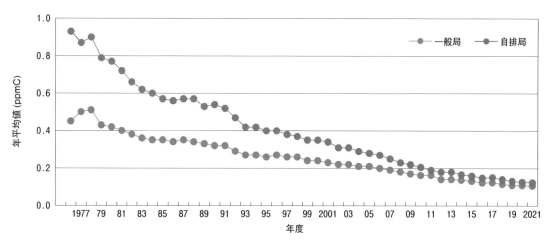

図 5-11　非メタン炭化水素濃度の年平均値の推移
（環境省，「令和3年度大気汚染状況について（報道発表資料）」より）

5-4　逆転層の種類と成因

　大気汚染に影響する気象条件に大気安定度がある。一般に空気の温度は地表面では高く，上層に行くに従って低くなる。乾燥した空気では100 m 上昇するごとに 0.98 ℃ ずつ温度が低下するが，これを乾燥断熱減率という。地表近くの暖められた空気は，上空の冷たい空気よりも軽い。そのために，上空の空気との入れ代わりが起こり，大気に動きが生じる。このような状態を大気が不安定であるという。この場合には，地表近くに存在する汚染物質が上空に向けて拡散されるため，大気汚染は生じない。これとは逆に，上空の空気の温度が地表近くよりも高い場合には，大気の動きと汚染物質の上空への拡散が起こらない。このような状態を大気が安定であるという。例えば，地表面が急に冷やされると地表近くの空気が低温となり，上空の空気が高温のままに留まることとなる。これが気温の逆転層であり，汚染物質の拡散が不十分となってスモッグなどが発生しやすくなる。逆転層は，その成因により以下のように区別される。

　（1）放射性（接地）逆転

　日没後の地表面は，熱放射によって大気よりも先に冷やされる。そのため，地表近くの気温が下がり，地表からある高さまでは，上空に行くにつれて気温が上昇することがある。これを放射性（接地）逆転という。1年を通じて発生するが，特に冬季に多い。高気圧が広がり，微風（3 m/sec 以下）晴天の夜間によく発生する。逆転層の高さは地上 150 ～

250 m である。

(2) 地形性逆転

局地的な地形によるものであり，盆地，深い入り江，谷間などで形成されやすい。夜になって冷却された空気が斜面に沿ってゆっくりと底部へ流入し逆転層が形成される。したがって，底部に工場などの汚染物質の排出源があれば，局地的な大気汚染を生じることがある。

(3) 沈降性逆転

高気圧の上空では空気の沈降が生じる。沈降空気は 100 m あたり 0.98 ℃で昇温するため，下層よりも気温が高くなり逆転層が形成される。

(4) 前線性逆転

前線には寒冷前線と温暖前線があるが，いずれの場合でも冷たい気流と暖かい気流が接触する不連続面を境にして気温が逆転する。

コラム　スモッグ

スモッグは大気汚染物質の排出，気温の逆転層の形成，弱い風速の3つの要因がそろった場合に発生する。つまり，大気中に放出された汚染物質が，逆転層が形成され，かつ風速が弱いために上空や他所に逃げることができず，地上数百メートルの範囲に閉じ込められた場合に発生する。さらに，光化学スモッグでは強い日照も必要となる。スモッグが発生すると視界が悪くなって交通が混乱する他，多くの汚染物質が滞留するために健康被害が続発する。

ばい煙と霧によるものはロンドン型スモッグ，光化学オキシダントによるものはロサンゼルス型スモッグと呼ばれる。1950年代，石炭を暖房用燃料としていたロンドンでは，冬の晴れた無風の夜間にスモッグが発生した。このスモッグの代表的な汚染物質は，SO_2 などの硫黄酸化物であった。一方，自動車交通が急速に発達したロサンゼルスでは，その排出ガスに含まれる窒素酸化物，一酸化炭素および炭化水素による大気汚染が深刻化した。そして夏の晴れた昼間には，太陽光の紫外線による光化学反応によって光化学オキシダントが生成され，これを原因とする光化学スモッグが発生した。

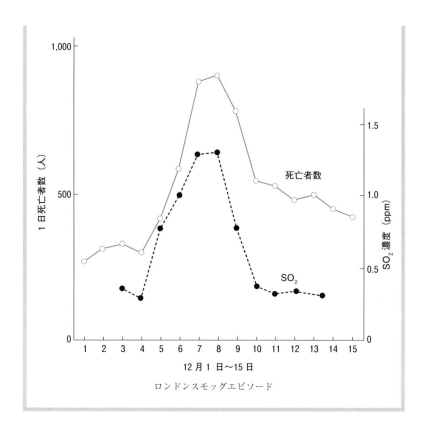

1 日死亡者数（人）

SO₂ 濃度（ppm）

死亡者数

SO₂

12 月 1 日〜15 日

ロンドンスモッグエピソード

6 　水　環　境

　生態系には一定範囲の緩衝能力がある。したがって河川や土壌のもつ自浄作用の範囲内であれば，人間・社会活動により汚れた水もその環境を乱すことなく循環し，再び利用することができる。しかし都市化により人口が過密化すると生活排水は河川を著しく汚染し，また環境に配慮しない無秩序な生産活動は生態系に大きな負荷をかける。

　日本では 1960 年代後半から公害が大きな社会問題となり，法律の整備とともに企業は生産工程を工夫し，また排水処理施設を充実させた。その結果，工業排水による河川の汚染は，かなり解決してきた。しかし家庭排水では大きな改善はみられず，現在の河川環境に対する負荷の多くは家庭排水によるものである。また，特定汚染源によらない非特定の汚染源（ノンポイント汚染源）からの汚濁負荷量の増加も問題になっている。ノンポイント汚染源は，汚染源の特定が難しいことや排出量の定量が難しく，今後の課題を抱えている。

ノンポイント汚染源

　降雨時における森林排水や道路排水，農業排水などの汚染源を指す。土地利用の高度化や大規模化に伴い増加している。その汚濁負荷量の中でも特に問題となるのが窒素およびリンである。

6-1　水環境の汚染指標

6-1-1　水質汚濁の指標

　水質汚濁とは河川，湖沼，海域などの公共用水域に，生活排水や産業排水とともに自浄作用を超える量の栄養塩類や有機物が流入することによって，水域の水質の変化および水底に汚染物質が堆積し，広い範囲にわたって人の健康や生活環境に悪影響が生じる現象である。すなわち排水の流入の長期化は，微生物による有機物などの代謝・分解を招き，水中の溶存酸素（DO）の消費を促進する。これにより，水中に生息する魚介類への影響や，さらに進行すると，嫌気性微生物による硫化水素 H_2S などの有害ガスの発生が生じる。そのため，水質汚濁の指標として，水中の溶存酸素や有機物，窒素やリンなどが定められている。一般には，中毒や疾病の原因となる有害化学物質や病原微生物の混入による水の汚染もこの範疇に入れられる。

自浄作用（自然浄化作用）

　環境水が元来もっている浄化作用のことであり，それらは物理的作用（沈殿，希釈，拡散，曝気など），化学的作用（酸化反応，還元反応，光分解など），および生物学的作用（好気性・嫌気性微生物による分解，藻類による光合成など）に大別される。

(1) 溶存酸素 Dissolved Oxygen（DO）

溶存酸素量は，水中の酸素の溶存量を mg/L で表す。DO は水の汚染によって消費される。酸素を消費する物質は主として有機物質であり，無機の還元性物質によっても消費される。したがって，DO の多少は試料の汚染状態の一端を示すものということができる。

(2) 生物化学的酸素要求量 Biochemical Oxygen Demand（BOD）

生物化学的酸素要求量とは，主として水中の有機物が微生物によって生物化学的に酸化分解される酸素量を mg/L で表したものである。この分解作用および微生物の呼吸作用などによって酸素が消費される現象に基づいて，酸素の消費量から微生物によって分解される有機物の量を推察する方法である。

(3) 化学的酸素要求量 Chemical Oxygen Demand（COD）

化学的酸素要求量とは，水中の被酸化物，とくに有機物が酸化剤によって処理される際に消費される酸化剤量を酸素量 mg/L で表したものである。COD は使用する酸化剤の種類や反応条件によって大きく影響されるため，数値には試験法を明示しなければならない。BOD が微生物の酸化分解作用により消費される酸素量から推察される有機物量であるのに対し，COD は化学的な酸化分解作用により消費される酸素量から推察される有機物量であるため，この両者の数値は一致しない。

(4) 浮遊物質 Suspended Solid（SS）

浮遊物質は，溶解性物質と不溶性物質に大別される水中含有物質のうち，ろ過されない不溶性の微小粒子（2 mm 以下）にあたる。試料中に浮遊する有機性および無機性の種々の複雑な成分である。SS は，mg/L で表す。

(5) 水素イオン濃度（pH）

水の pH は一般には，溶存する遊離炭酸 CO_2 と炭酸塩 CO_3^{2-} の濃度の割合によって定まる。一方では，下水や工場排水に含まれる種々の塩類や酸類にも影響されるため，pH は下水や工場排水などの混入による水質変化の指標となる。通常の水の pH は 6.5 ～ 8.5 の範囲を示す。

(6) *n*-ヘキサン抽出物質

n-ヘキサン層に分配し，溶媒に抽出されるものであり，主に植物油，動物油，鉱物油およびグリースなどである。

(7) 総窒素

総窒素とは，水中に含まれる無機窒素化合物（NH_3-N，NO_2-N，NO_3-N）と有機窒素化合物（タンパク質，アミノ酸，ポリペプチド，尿素窒素など）の総量をいい，窒素量（mg/L）を持って表す。

(8) 総リン

総リンとは，水中に含まれる無機および有機リン化合物の総量を言い，リンの濃度（mg/L）で表示する。リンおよび窒素は富栄養化の原因物質であり，湖沼や海域などの閉鎖系水域において，環境基本法の水質汚濁に係る環境基準において，基準値が設定されている。

6-1-2　し尿汚染の指標

水のし尿汚染の指標としては，人およびその他の温血動物の腸管に常在し，自然界には本来生息していない微生物が用いられる。また自然界に放出された場合には，ある一定期間生存できなければならないが，自然界で増殖する，もしくは長期間生存できる微生物は指標としての意義を失う。一方では，アンモニア態窒素，亜硝酸態窒素，硝酸態窒素，塩化物イオンのような理化学的指標も，し尿汚染を推定する指標となる。

(1) 大腸菌群

従来，し尿汚染の代表的なものとして大腸菌群 Coliform が最も一般的に用いられてきた。大腸菌 *Escherichia coli* は温血動物の腸管にのみ生息する細菌であるので，その存在は動物し尿による汚染を意味している。しかしながら，大腸菌の同定には複雑な操作を必要とするため，一般には大腸菌群，すなわちグラム陰性の無芽胞桿菌であり，乳糖から酸とガスを産生する好気性もしくは通性嫌気性の細菌群の検出を行う。しかし大腸菌群には，し尿とはまったく関係のない自然界，すなわち水や土壌由来の細菌も含まれており，ごくまれにではあるが，水質の判定に混乱を生ずる場合がある。そのため，検査対象によってはふん便性大腸菌群や大腸菌の検査が行われる。また，2003 年より水道水の水質基準，2009 年より学校水泳用プールの基準には，従来の大腸菌群にかわり，大腸菌が採用されている。

(2) 腸球菌

し尿汚染で問題となる腸球菌は，30 種以上の *Enterococcus* 属のうち，ふん便と関連がある *Enterococcus faecalis* および *Enterococcus faecium* などを指すことが多い。ふん便中の腸球菌の菌数は，大腸菌の菌数よりも少ない。しかし，大腸菌群に比べて腸球菌の自然界での分布は狭い。また腸球菌は環境中での増殖率が大腸菌より低く，徐々に菌数が低下していく。そのため，し尿汚染指標としての意義はむしろ高いと言える。さらに，冷凍や乾燥，高温などにも強いため，大腸菌群の死滅や減少が予想される試料や環境水でも腸球菌は生存している可能性がある。

アンモニア態窒素（NH₃-N），亜硝酸態窒素（NO₂-N）および硝酸態窒素（NO₃-N）

水中の NH_3-N は，し尿や下水などに含まれる有機窒素化合物が分解されて生じるもので，近い時点でのし尿汚染の一指標となる。また NO_2-N は，細菌によって生物化学的に NH_3-N が酸化されて生ずるが，酸化還元反応の中間生成物であるため，比較的不安定である。そのため，NO_2-N の存在も動物性の有機物の比較的近い時点での汚染の一指標となる。NO_3-N は，その大部分は動物性有機物が細菌による酸化分解によって生成する最終産物であり，この存在は NH_3-N，NO_2-N や有機窒素化合物の含有を示唆する。

塩化物イオン

ほとんどの自然水（地表水や地下水）は Cl^- を含有しており，日本の自然水域の一般的な Cl^- 含有量は 30 mg/L 以下である。Cl^- は安定であるため異常に変動する際には何らかの汚染が考えられる。Cl^- が非常に多く存在する海水の混入も Cl^- の濃度を増加させる 1 つであるが，毎日食塩を摂取する人から排泄される汗やし尿も多くの Cl^- を含んでおり，これらの排出源である家庭排水の汚染によっても Cl^- は変動する。そのため，Cl^- もまたし尿汚染の指標となる。

（3）その他の指標菌

その他の指標菌として，ふん便性大腸菌群や腸内細菌科菌群があげられる。ふん便性大腸菌群は，大腸菌群のうち大腸菌が最も耐熱性が高いことを利用し，44.5℃で培養して検出する。腸内細菌科菌群には，*Escherichia* をはじめ *Klebsiella*, *Salmonella* など40以上の属が含まれる。腸内細菌科菌群は，ブドウ糖を分解して酸を産生する通性嫌気性のグラム陰性無芽胞桿菌であり，人をはじめ多くの温血動物の腸管内や自然界に広く常在している。

6-2　水の富栄養化

6-2-1　湖水の富栄養化と水の華

深く澄んだ初期の湖は栄養塩類に乏しい。そのため，生息する生物は，種類は多いが個体数は少ない。しかし長い年月を経ると，土砂の流入によって湖底が浅くなるとともに，栄養塩類（窒素，リンなど）が蓄積して湖水が次第に富栄養化（自然富栄養化）する。ところが近年では，栄養塩類が含まれる生活排水や産業排水の流入によって，湖水が人為的に富栄養化している。富栄養化した湖では藻類や植物プランクトンなど，汚濁に耐え得る生物しか生息できない。そのため，生息する生物は，個体数は多いが種類は少なくなる。またときには，藻類などが異常に増殖して湖水の表面を覆い，湖水の色調が変化することがある。その一例が水の華（アオコ）である。わが国の諏訪湖や霞ヶ浦において水の華を形成する藻類は，主に藍藻（シアノバクテリア）に属するミクロキスティス *Microcystis* であるが，この水生微生物は肝臓毒であるミクロシスチンを産生する。海外では，ミクロシスチンによる水質汚濁を原因とする死亡例も報告されている。さらに富栄養化した湖水を上水道の水源とする場合には，かびや藻類の代謝産物によって悪臭が発生したり，藻類などによって浄水場のろ過池が閉塞したりするため，良質な上水道の確保が困難となる。

6-2-2　海水の富栄養化と赤潮

海水は淡水よりも栄養塩類が豊富であるため，微生物の代謝活動が盛んであり自浄作用が高い。しかしながら自浄作用を上回る栄養塩類が流入すれば，湖沼と同様に富栄養化する。赤潮は大量に増殖した水生微生物によって，その海域の色調が変化する現象であり，海水の富栄養化と密接に関連している。赤潮を生じさせる微生物としては，多種類の植物

一般細菌

水道水の水質基準の項目として定められている一般細菌は，水中のすべての生菌数を示すものでも，特定の細菌や細菌群を指すものでもなく，ある一定条件下で培養した際に集落（コロニー）を形成する細菌群の呼称である。一般細菌が検出されたからといって必ずしもし尿汚染を疑うものではないが，一般細菌が多く検出される水は汚濁の程度が高いため，地下水や飲料水に関して一般細菌の急増はし尿汚染の指標として用いられる。

藻類ブルーム

水の富栄養化によって，浮遊性藍藻や緑藻，珪藻や渦鞭毛藻などの微小藻類が異常に増殖して，水面付近の色調が変化する現象を藻類ブルームという。淡水で発生する藻類ブルームは水の華，海水のそれは赤潮と呼ばれる。

藍藻（シアノバクテリア）

酸素発生型の光合成を行う細菌の一群であり，現在では藍色細菌と呼ばれている。単細胞で浮遊しているもの，少数の細胞が集団体を形成しているもの，複数の細胞が糸状に並んだ構造を形成しているものなどが存在する。

水道水のカビ臭物質

水道水のカビ臭や異味の原因物質としては，2-メチルイソボルネオールやジオスミン（ジェオスミン）などが同定されている。

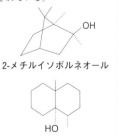

2-メチルイソボルネオール

ジオスミン

および動物プランクトンが知られているが，主なものは鞭毛藻類やケイ藻類に属する植物プランクトンである（表6-1）。これらの水生微生物は，窒素化合物やリン酸塩などの無機物を栄養塩類として光合成を行う独立栄養性の浮遊微生物である。したがって，富栄養化や適度な水温など，増殖に適する条件が揃うと爆発的に個体数を増加させる。赤潮が沿岸で発生すると，養殖ハマチの大量斃死などの漁業被害が生じる。その原因としては，魚のエラへのプランクトン自身やそれが分泌する粘着物質の付着による呼吸麻痺，プランクトンの遺骸を細菌が分解することによる酸素の欠乏と水質の悪化，プランクトン自身による有毒物質の産生などが考えられている。

プランクトンの毒

スペインや米国のフロリダで赤潮の原因となる鞭毛藻 *Ptychodiscus brevis* は，神経毒であるブレベトキシンを産生する。この毒は神経細胞のナトリウムチャネルに作用して，ナトリウムイオンの流入を促進する。また渦鞭毛藻類の中には，麻痺性貝毒（サキシトキシン，ゴニオトキシンなど），下痢性貝毒（オカダ酸，ペクテノトキシンなど），あるいはシガトキシンなどのシガテラ中毒の原因毒を産生し，魚介類を有毒化するものがある。

表6-1 赤潮の種類とその原因微生物

類型	赤潮名	原因微生物	群形成様式
I	夜光虫赤潮	渦鞭毛藻 (*Noctiluca miliaris*)	運動性なし，物理的集積で群を形成し個体群を増大 沿岸沖合域を発生源とし，内湾奥部まで進入
II	プロロセントラム赤潮	渦鞭毛藻 (*Prorocentrum micans, P. minimum* など)	運動性あり，鉛直日周移動により海水表面で群を形成し個体群を増大 夏季に無酸素水が形成される内湾，生活排水や産業排水で汚染された河川水が流入する内湾，養殖が盛んな内湾などに発生
	ギムノジニウム赤潮	渦鞭毛藻 (*Gymnodenium* '65 年型種，*G. breve, G. splendens* など)	
	シャットネラ赤潮	ラフィド藻 (*Chattonella antiqua, C. marina* など)	
	ヘテロシグマ赤潮	ラフィド藻 (*Heteroshigma akashiwo*)	
III	スケレトネマ赤潮	珪藻 (*Skeletonema costatum* など)	運動性なし，養殖のみで個体群を増大 河川水が流入する湾奥部を発生源とし，沿岸沖合域へ拡大
IV	その他	繊毛虫類 (*Mesodinium*)，渦鞭毛藻 (*Gonyaulax, Ceratium*)，ラフィド藻 (*Hornellia*)，黄緑色藻類 (*Olisthodiscus*)，ミドリムシ藻類 (*Eutreptiella*) など	

（松原　聰：「環境生物科学—人の生活を中心とした」，裳華房より抜粋）

6-3　下水道と下水処理

6-3-1　下水と下水道

　下水とは人が利用した後の水であり，台所，風呂，トイレなどに使われた一般家庭の生活排水，および工場，大学，研究所，畜産場，鉱業などの排水をいう。また一般的には雨水も含まれる。

　下水道とは下水を地下水路などで集め，下水処理場において浄化など

の水処理を行い，公共用水域に放流するための施設である。わが国の2020年度末の下水道処理人口普及率は80.1%であるが，普及率は都市の規模に依存している。人口100万人以上の大都市の普及率は99.3%であるが，30〜50万人の都市は86.0%，5万人未満の都市は53.0%である。

　下水道の種類としては，公共下水道，流域下水道，都市下水路の3種類がある。公共下水道は原則として市町村が管理する施設であり，下水は道路下に埋設された下水管を通じて集められ，下水処理場で処理される。個別に終末処理場を有する単独公共下水道と終末処理を流域下水道に任せる流域関連公共下水道がある。流域下水道は都道府県が管理する施設であり，河川や湖沼の水質汚濁防止の効率化を目的として河川の流域に沿って設置される。都市下水路はもっぱら雨水の排除を行うものであり，都市での洪水の防止を目的としている。

　下水道には合流式と分流式の2つの方式がある。合流式下水道は，雨水と排水を同じ下水管で一緒に下水処理場に送る方式である。この方式には，雨水が洗い流した道路上の汚濁物質も処理できる，整備コストが安いなどの利点がある。しかし大雨が降ると，大量の雨水の流入によってオーバーフローとなり，未処理のままの下水が公共用水域に放流されるという問題点がある。分流式下水道は，排水用の下水管と雨水用の下水管を別々に埋設し，下水は下水処理場へ送り，雨水は河川などへ放流する方式である。この方式では，大雨時でも全ての下水を下水処理場で処理することができるという利点がある。しかし雨水中の汚濁物質は，処理されることなく河川などへ放流される。また埋設する下水管が2本必要であるためコストが高くなる。

6-3-2　下水処理の方法

　下水処理場に集められた下水は，一次処理〜三次処理（高度処理）を経て公共用水域に放流される。しかし二次処理後の処理水を放流する施設も多く，三次処理の普及率は2020年度末でも59.3%である。図6-1は，わが国で最も一般的に普及している活性汚泥法の概略を示したものである。活性汚泥法では，一次処理として沈澱，ろ過などの物理的処理が行われ，比重の大きい浮遊物が除去される。沈砂池では大きなごみ，石，木片などが取り除かれ，最初沈殿池では，沈砂池では除去できなかった小さなごみや油分などの表面に浮かんだごみが除去される。

　その後，曝気槽において，二次処理として生物学的処理が行われ，下水中の有機物が除去される。曝気槽では，最終沈澱池から返送された活

> **活性汚泥**
>
> 　元来，下水中に存在していた好気性微生物群（細菌，菌類，原生動物，後生動物など）が，下水中の有機物を吸着，酸化分解しながら増殖・凝集して生じた黒色あるいは茶褐色の泥状の微生物集合体である。

性汚泥を一次処理下水と混合し，5～7時間の曝気が行われる。この過程において，混合された活性汚泥および下水中に存在していた微生物が，下水中に含まれていた有機物を吸着，酸化分解して増殖し，新たな活性汚泥を形成する。曝気した後の処理下水は最終沈殿槽に移されるが，活性汚泥はフロック（凝集塊）と呼ばれる300～1,000 μmの微生物塊を形成するので，微生物の回収は比較的容易である。最終沈殿槽では2～3時間滞留させ，活性汚泥（沈殿）と処理水を分離する。沈殿した活性汚泥の一部は，返送汚泥として曝気槽に戻され再度利用される。残った余剰汚泥は肥料の他，レンガやタイルの原料として再資源化される。

バルキング

糸状性細菌の増加などによって，活性汚泥が沈澱しにくい膨化した状態となることであり，最終沈澱槽から活性汚泥が流出する原因ともなる。バルキングの対応として，ろ過膜を用いて活性汚泥と処理水を強制的に分離する膜分離活性汚泥法が考案されている。

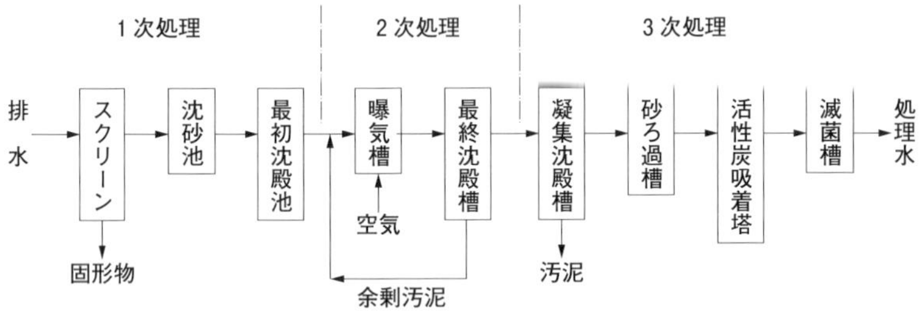

図6-1　活性汚泥法の概略

コラム　生物膜法

下水の二次処理には，浮遊微生物を利用する活性汚泥法の他，固体の担体（ろ材）の表面に付着・固定した微生物の生物膜（バイオフィルム）を利用する生物膜法がある。生物膜法には，接触曝気法，散水ろ床法，回転円板法などが存在する。接触曝気法は，曝気槽内の接触ろ材の表面に微生物膜を形成させ，有機物を分解させる方法であり，比較的小規模の処理施設に用いられる。曝気による酸素の供給と攪拌が主な操作であるため，維持管理は容易である。散水ろ床法は，ろ材（砕石やプラスチックなど）を充填したろ床の表面に微生物膜を形成させ，これに下水を散水して有機物を分解させる方法である。古くから用いられている方法であり，維持管理が容易で運転経費も安い。しかし気温の影響を受けやすく，悪臭が発生しやすいなどの問題点がある。

三次処理（高度処理）は，除去する物質や施設の観点から2種類に分けられる。1つ目は二次処理後の処理水の水質を向上させるものであり，難分解性の有機物，着色や濁りの原因となる物質の除去を目的として，急速ろ過，オゾン酸化，活性炭吸着などの物理化学的な処理が行われる。2つ目は富栄養化の原因となるアンモニア（窒素）とリン酸（リン）を除去するものである（図6-2）。アンモニアの除去としては，気化，イオン交換材などへの吸着，窒素への分解などの化学的方法，アンモニアを

窒素源とする藻類や光合成細菌を増殖させる方法，硝化細菌（アンモニ
アを亜硝酸と硝酸に酸化する細菌）および脱窒素菌（亜硝酸や硝酸を窒
素に変換する細菌）による硝化・脱窒循環反応を利用する方法などの生
物学的方法がある。リン酸の除去には，化学的方法としては凝集沈澱法
などが行われ，生物学的方法としては微生物による固定や除去，例えば
リンを細胞内に多量に蓄積するリン蓄積細菌を利用する方法が行われ
る。

　滋賀県では，琵琶湖の富栄養化防止のため，生物学的硝化・脱窒循環法と同時凝集リン除去
法を組み合わせた窒素およびリン除去のための高度処理を行った後，砂ろ過をして，放流して
いる。

琵琶湖流域下水道での汚水処理方式

琵琶湖流域下水道での処理状況

処理場名	BOD (mg/L)		COD (mg/L)		SS (mg/L)		TN (mg/L)		TP (mg/L)	
	流入	放流	流入	放流	流入	放流	流入	放流	流入	放流
湖南中部	170	0.6	92	5.8	178	1.0	29.4	6.5	3.15	0.05
湖西	190	1.8	87	6.4	158	1.0	30.2	6.7	3.06	0.06
東北部	180	N.D.	72	5.2	136	0	28.6	6.9	2.91	0.03

図 6-2　三次処理（高度処理）の一例

6-4　上水道と浄水法

　人の生命維持において，水は欠かすことのできない物質である。人の
身体の $60 \sim 70\%$ は水で構成されており，そのうちの $2/3$ は細胞内液と
して，残りは血液やリンパ液などの細胞外液として存在している。また
健康な成人が1日に排泄する水の量はおよそ $2.5\,L$ であり，体液量の維
持のためには，排泄した水とほぼ等量を摂取する必要がある。摂取する
水には飲料水だけでなく，食品中の水分，栄養素を体内で酸化分解する
際に発生する代謝水も含まれる。その内訳は飲料水 $1.2\,L$ ，食品中の水
分 $1\,L$ ，代謝水 $0.3\,L$ である。わが国では炊事，洗濯，入浴，洗面，掃
除，水洗トイレなどの生活用水として，1人当たり1日平均 $300\,L$ の水
を利用している。

6-4-1 水道の種類

　生活用水が清浄であることは感染症などの予防に極めて重要である。水を原因とする水系感染症はコレラ，赤痢，腸チフスなど非常に多く，水道普及率が不十分であった時代にはたびたび流行が起こっていた。わが国では水道普及率が急増した 1960 年代を境に水系感染症の患者数は激減している。つまり健康で安全な生活のためには，水道は欠かすことのできない施設である。水道は，不特定の集団を対象とした一般水道と特定の集団を対象とした自家用水道に分けられる。さらに一般水道は，給水人口によって 5,001 人以上の上水道と 101 人以上 5,000 人以下の簡易水道に区別される。わが国の 2020 年度末の水道普及率は 98.1％であるが，そのほとんど（96.4％）は上水道である。

6-4-2 浄水法

　地球上に存在する水の総量は約 14 億 m^3 であるが，そのうちの 97.5％は海水として存在し，次いで氷雪 1.75％，地下水 0.73％，湖沼水 0.016％，河川水 0.0001％の順である。しかし飲用や農業・工業用に利用できる水は，塩分濃度 0.05％以下の淡水に限られ，その量はわずか 0.8％である。わが国における水道原水は，ダム水，河川水，井戸水などであり，2019 年度は，それぞれ 47.9％，25.4％，19.1％となっている（図 6-3）。

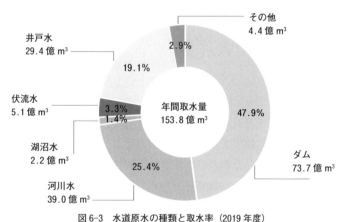

図 6-3　水道原水の種類と取水率（2019 年度）
（日本水道協会，http://www.jwwa.or.jp/shiryou/water/water02.html）

　ダム水や河川水などの地表水は，取水が容易であり水道原水として利用されることが多い。しかし一般に浮遊性有機物を多く含むため，閉鎖性のダム湖では富栄養化が進行し，藻類などが繁殖してカビ臭や異味問

題が発生する場合がある。井戸水などの地下水は，土壌に浸透する際に
ろ過を受けているため，濁度が低く有機物の混入も少ない。しかし塩類
が多く含まれ，硬度が高い場合が多い。

　水道原水を水質基準に適合させるためには，適切な処理によって不純
物などを除去し，清浄化する浄水処理が必要である。上水道における浄
水処理は，浄水施設（浄水場）で行われ，取水，沈殿・ろ過，消毒，配
水・給水の過程からなる（図6-4）。近年では，水道水のさらなる清浄化，
おいしく・安全な水の提供を目的として，高度浄水処理（特殊処理）を
1つまたは複数導入する割合が増えている（図6-4）。

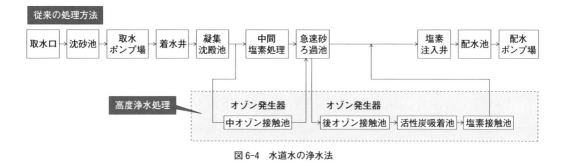

図6-4　水道水の浄水法

（1）沈殿・ろ過

　沈殿・ろ過には，普通沈殿・緩速ろ過方式と薬品沈殿・急速ろ過方式
の2つがある。

　普通沈殿・緩速ろ過方式では，まず大きなごみをスクリーンで除去し
た後，沈砂池中を静かに流し，沈降しやすい砂や浮遊性物質を除去する。
この水を沈殿池に導き，8〜24時間かけて，平均流速30 cm/min以下
で非常にゆっくりと流し，比較的微細な浮遊物質を沈殿させる。その後，
砂層と砂利層からなる緩速ろ過池で3〜5 m/dayのゆっくりとした速
度でろ過を行う。この際，砂層の表面から5 mmくらいの範囲に形成さ
れている好気性微生物などからなる生物膜を通過する。そのため，ろ過
や吸着などの物理化学的作用だけでなく，生物学的作用によっても有機
物などの不純物が分解・除去される。また細菌類も99％以上が取り除か
れる。普通沈殿・緩速ろ過方式では，水質が良好でおいしい水が得られ
るが，大量の水を得るためには広大な敷地面積が必要となるため，国土
の狭いわが国ではほとんど用いられていない。また，トリハロメタンの
原因となるフミン質がほとんど除去されないという問題点もある。

　薬品沈殿・急速ろ過方式では，スクリーンと沈砂池で比較的大きな不

フミン質

　地面に堆積した枯木や落葉
が微生物の分解作用を受けた
後に残った高分子有機化合物
の総称である。また水の着色
（褐色）成分でもある。微生物
による分解をほとんど受けな
いため，さらには水溶性であ
り吸着が起こりにくいため，
普通沈殿・緩速ろ過方式での
除去は難しい。分子量が比較
的大きいフミン質は，薬品沈
殿・急速ろ過方式での除去が
可能であるが，分子量が小さ
いものは，この方式でも除去
できず，活性炭による吸着除
去などが必要となる。

純物を除去した後，急速混和池で凝集剤を添加・混合し，フロック形成池で水中の浮遊物質を沈殿しやすいフロックとする。そして沈殿池に1〜4時間静置して，大部分の浮遊物質を沈殿除去する。薬品沈殿に用いられる凝集剤は，硫酸アルミニウムやポリ塩化アルミニウムであるが，これらは水酸化カルシウムなどのアルカリ剤でpHを7〜8に調整すると水酸化アルミニウムのコロイドを生成する。水酸化アルミニウムのコロイドは正電荷をもっており，負電荷をもつ水中の懸濁粒子とフロックを形成する。形成されたフロックは，沈降する際に水中の無機物質や有機物質，微生物なども吸着する。

$$Al_2(SO_4)_3 + 3CaCO_3 + 3H_2O = 2Al(OH)_3\downarrow + 3CaSO_4 + 3CO_2$$

薬品沈殿後の上澄み水は，砂ろ床層と砂利層からなる急速ろ過池に導かれ，120〜150 m/dayという速い速度でろ過される。ろ過の浄水作用は，砂ろ床表面に沈着したゲル状フロックによる吸着作用，および砂ろ床での物理的ろ過作用であり，緩速ろ過方式のような生物膜による生物学的作用は期待できない。薬品沈殿・急速ろ過方式は，細菌，カビ臭や異味の原因成分の除去率は普通沈殿・緩速ろ過方式よりも劣る。しかし，ろ過速度が非常に速いため，狭い敷地面積で大量の水を処理することができる。このことから，わが国では大都市圏の浄水場のほとんどが，この方式を採用している。近年では，高度浄水処理を組み合わせて，さらに良質な水とする浄水場が増えている。

(2) 消　毒

ほとんどの病原微生物は，ろ過過程で取り除かれるが，完全ではない。また配水・給水の過程や給水塔内で微生物汚染を受ける可能性もある。そのため，病原微生物を殺して無害化することを目的として，消毒が行われる。消毒には塩素，オゾン，紫外線などが用いられるが，わが国では塩素剤による消毒のみが認められている。塩素剤には塩素 Cl_2 や次亜塩素酸 $HClO$ などがあるが，わが国では液体塩素が用いられることが多い。塩素を水に注入すると加水分解により次亜塩素酸を生じる。水に溶けた次亜塩素酸は，その水のpHによって分子型（$HClO$）とイオン型（ClO^-）の化学形をとる。pH 4〜5ではほとんどが分子型，pH 9以上ではほとんどがイオン型として存在する。

$$Cl_2 + H_2O \rightleftarrows HCl + HClO, \quad HClO \rightleftarrows H^+ + OCl^-$$

Cl_2，$HClO$ および ClO^- は遊離残留塩素と呼ばれ，微生物の細胞膜に作用して膜結合酵素の活性を阻害する，または細胞膜のバリアー機能を破壊することによって殺菌効果を発揮する。殺菌力は細胞膜を容易に通過できる分子型の方が強いが，安定性はイオン型の方が高い。

　水中にアンモニア，アミン類，アミノ酸などの窒素化合物が存在すると，次のような反応によって，モノクロラミン NH_2Cl やジクロラミン $NHCl_2$ が生成される。クロラミン類も殺菌作用を有しており結合残留塩素と呼ばれるが，その殺菌力は逆反応で生じる遊離残留塩素によるものである。つまり結合残留塩素は，遊離残留塩素よりも安定性は高いが殺菌力は弱い。

$$NH_3 + HClO \rightleftharpoons H_2O + NH_2Cl, \quad NH_2Cl + HClO \rightleftharpoons H_2O + NHCl_2$$

　水道法における水道水の塩素消毒基準は，末端の給水栓の残留塩素濃度が，遊離残留塩素ならば 0.1 mg/L 以上，結合残留塩素ならば 0.4 mg/L 以上と定められている。水道水中の残留塩素は配管内で徐々に減少する。したがって浄水場では，定められた塩素濃度を末端の給水栓まで維持するために，塩素が比較的高濃度で残留するように注入量が設定されている。しかし過剰の残留塩素は，特異的な臭気（カルキ臭），皮膚や粘膜への刺激があるため，水質管理目標値として 1 mg/L 以下が設定されている。

（3）高度浄水処理（特殊処理）

　近年の浄水場では，通常の沈殿・ろ過および消毒の過程に加え，特別な目的をもった処理過程が組み込まれることが多い。これらは高度浄水処理と呼ばれている（図6-4）。

　ろ過前塩素処理は，細菌，臭気物質，着色物質などの除去を目的として，ろ過過程の前に行われる。しかしフミン質と反応して，変異原性や発がん性を有するトリハロメタンを生成するため，現在ではオゾン処理に切換えられている。

　オゾン処理は，トリハロメタンやその前駆物質の除去の他，かび臭物質やフェノール類の除去などを目的に行われる。しかし水中の有機物を酸化して，アルデヒド類やカルボン酸類を生成する。また臭化物イオンを酸化して，発がん性を有する臭素酸イオンを生成する。これらの物質を除去するため，オゾン処理後には活性炭処理が行われる。

　活性炭は細孔表面積が極めて大きい多孔性の炭素質吸着材であり，一般に疎水性物質を良く吸着する。粉末活性炭の投入による臭気物質などの吸着・除去，粒状活性炭の砂ろ過層への重層による臭気物質，着色物質，界面活性剤，フェノール類などの吸着・除去が行われている。また近年では，活性炭の細孔内に好気性微生物を固定して，微生物分解も同時に行える生物活性炭も用いられている。

　その他，クリプトスポリジウムなどの耐塩素性微生物に対する措置として，十分なろ過処理や膜ろ過処理，あるいはオゾンや紫外線による処

> **クロラミンの分解**
>
> 結合残留塩素であるクロラミンは，蓄積すると分解して窒素を生じる。
> $$2NHCl_2 + H_2O \longrightarrow N_2 + HClO + 3HCl$$
> $$NH_2Cl + NHCl_2 \longrightarrow N_2 + 3HCl$$

理が行われている。

6-4-3　水道水の水質基準

　水道水は飲用よりも他の用途で使用されることが圧倒的に多い。しかし基本的には，1系統の給水管によって浄水場から供給されるため，水道水は飲料水としての基準を満たす必要がある。わが国では，水道法に基づく水質基準に関する省令によって水道水の安全性が担保されている。水道水の水質基準は，水道水質基準項目（51項目），水質管理目標設定項目（26項目），要検討項目（47項目）に大別される。

　水道水質基準項目は，水道法において検査が義務付けされている項目であり，人の健康の保護に関わる項目として31項目，生活利水上の支障をきたすおそれのある項目および水道水の性質として基本的に求められる項目として20項目が設定されている。前者には病原微生物に関する項目（大腸菌，一般細菌），重金属と無機物質に関する項目（カドミウム，水銀，セレン，鉛，ヒ素，クロム，シアン，フッ素，ホウ素など），有機化合物に関する項目（四塩化炭素，ジクロロメタン，ジクロロエチレン，トリクロロエチレン，テトラクロロエチレン，ベンゼンなど），塩素消毒副生成物に関する項目（総トリハロメタン，クロロホルム，ジブロモクロロメタン，ブロモジクロロメタン，ブロモホルム，クロロ酢酸，ジクロロ酢酸，トリクロロ酢酸など）が含まれ，後者には水の味や臭い，泡立ち，混濁など，水を飲用または生活用水として利用する上で望ましい水の性状を規定するような項目が含まれている。

> **コラム　硬　度**
>
> 　硬度とは水中のカルシウムイオンおよびマグネシウムイオンの総和を$CaCO_3$の濃度に換算したものである。硬度は日常生活に影響するところが大きく，硬度が高すぎると胃腸を害し下痢を起こすことがある。また石ケンの使用では，脂肪酸のカルシウム塩の沈殿が生じて洗浄作用が失われる。工業用水では，ボイラーに缶石を生じて熱の伝導が悪くなり，また爆発を引き起こす危険性もある。しかし日本酒の醸造には，高目の硬度がよいと言われている。わが国の水道水質基準では，硬度は300 mg/L以下とされている。WHOの基準では，硬度が120 mg/L以下を軟水，120 mg/L以上を硬水としている。硬度には総硬度，カルシウム硬度，マグネシウム硬度，永久硬度および一時硬度がある。永久硬度は塩化物，硫酸塩，硝酸塩などであり，一時硬度は煮沸によって沈殿除去される炭酸水素塩である。
>
> $$Ca(HCO_3)_2 \longrightarrow CaCO_3 + CO_2 + H_2O$$

$$Mg(HCO_3)_2 \longrightarrow MgCO_3 + H_2O + CO_2$$
$$MgCO_3 + H_2O \longrightarrow Mg(OH)_2 + CO_2$$

　水質管理目標設定項目は，現時点では水質基準とするような濃度は検出されていないが，今後検出される可能性があるため，水質管理において留意する必要がある項目である。もう１つの要検討項目は，現時点では毒性が明らかでない，または水道水中での検出実態が明らかでないなど，情報や知見のさらなる収集が必要な項目である。

農薬類

　農薬は，水質管理目標設定項目において農薬類として指定されている。目標値として，120 種類の農薬のそれぞれの検出値を定められた目標値で除した値の総和が１を超えないこととなっている。

7 水や食品の汚染と感染症

　水や食品が有害な化学物質で汚染された場合には，人に健康被害を与え，生態系に障害をおよぼすことが多い。

　また，有害な微生物によって汚染された水や食品があれば，経口感染症や食中毒が起こる可能性がある。いずれも微生物が飲料水や食品を介して口から消化管内に侵入して下痢や嘔吐，腹痛などを起こす疾病であり，基本的に同じ範疇に入るものであるが，概念的に区別されており，かつては法的な差も設けられていた。大まかな概念としては，感染症の病原体は感染力が強く，感染後短い潜伏期で発症させることができ，二次感染を起こしやすいが，食中毒の病原体は，感染力が比較的低いため，大量の感染により発症し，長潜伏期が必要で，二次感染は起こりにくいとされている。

　そのような意味で，赤痢やコレラなどの消化器感染症は，かつては伝染病予防法で規制され，食中毒は食品衛生法で規制していたが，両者の区別はそれほど厳密なものではない。

　とはいえ，両者にはそれなりの相違があるので，本章では感染症について主に記述することにし，次の8章で食中毒について記載する。

　法的にも新たに制定された「感染症の予防および感染症の患者に対する医療に関する法律（感染症法）」が消化器感染症の規制に大きな役割を担っており，食中毒は「食品衛生法」の規制対象となっている。

　わが国では，感染症は1897年に制定された伝染病予防法によって，規制されてきた。しかし医学・医療の向上，衛生基準の変化，種々の新興感染症の登場などがあり，一方でハンセン病や後天性免疫不全症候群の患者へのいわれのない差別や偏見の問題なども生じた。このような状況を受けて「感染症の予防および感染症の患者に対する医療に関する法律（感染症法）」が1998年に制定され，1999年に施行された。

　感染症法では，感染症は1類～5類，新型インフルエンザなど感染症，指定感染症，新感染症に分類され（表7-1），診療した医師・医療機関は，その感染症の種類に応じての届出を行うことになっており，それに基づ

いて厚生労働省からの集計・公表が行われている。3類経口感染症であるコレラ，赤痢などは，食品衛生法と感染症法とに基づいて公表されることになるので，両法に基づく報告などに注意しておかなければならない。

表 7-1 感染症の類型指定

類 型	感染症名
1類	エボラ出血熱，クリミア・コンゴ出血熱，ペスト，マールブルグ病，ラッサ熱，痘そう，南米出血熱
2類	急性灰白髄炎，ジフテリア，重症急性呼吸器症候群（SARS コロナウイルスに限る），中東呼吸器症候群（MERS コロナウイルスに限る），結核，鳥インフルエンザ（H5N1 および H7N9）
3類	コレラ，細菌性赤痢，腸チフス，パラチフス，腸管出血性大腸菌感染症
4類	〔法指定〕A型肝炎，E型肝炎，黄熱，Q熱，狂犬病，炭疽，鳥インフルエンザ（H5N1 および H7N9 を除く），ボツリヌス症，マラリア，野兎病 〔政令指定〕ウエストナイル熱，エキノコックス症，オウム病，オムスク出血熱，回帰熱，キャサヌル森林熱，コクシジオイデス症，エムポックス，重症熱性血小板減少症候群（SFTS），腎症候性出血熱，西部ウマ脳炎，ダニ媒介脳炎，チクングニヤ熱，つつが虫病，デング熱，東部ウマ脳炎，ニパウイルス感染症，日本紅斑熱，日本脳炎，ハンタウイルス肺症候群，Bウイルス病，鼻疽，ブルセラ症，ベネズエラウマ脳炎，ヘンドラウイルス感染症，発しんチフス，ライム病，リッサウイルス感染症，リフトバレー熱，類鼻疽，レジオネラ症，レプトスピラ症，ロッキー山紅斑熱
5類	〔法指定〕インフルエンザ（鳥インフルエンザ及び新型インフルエンザ等感染症を除く），ウイルス性肝炎（A型，E型を除く），クリプトスポリジウム症，後天性免疫不全症候群（AIDS），梅毒，麻疹，メチシリン耐性黄色ブドウ球菌（MRSA）感染症，性器クラミジア感染症 〔省令指定〕アメーバ赤痢，RS ウイルス感染症，咽頭結膜熱，A型溶血性レンサ球菌咽頭炎，感染性胃腸炎，急性出血性結膜炎，急性脳炎（ウエストナイル脳炎，西部ウマ脳炎，ダニ媒介脳炎，東部ウマ脳炎，日本脳炎，ベネズエラウマ脳炎及びリフトバレー熱を除く），クラミジア肺炎（オウム病を除く），クロイツフェルト・ヤコブ病，劇症型溶血性レンサ球菌感染症，ジアルジア症，細菌性髄膜炎，侵襲性インフルエンザ菌感染症，侵襲性髄膜炎菌感染症，侵襲性肺炎球菌感染症，水痘，性器ヘルペスウイルス感染症，尖圭コンジローマ，先天性風しん症候群，手足口病，伝染性紅斑，突発性発しん，破傷風，バンコマイシン耐性腸球菌（VRE）感染症，バンコマイシン耐性黄色ブドウ球菌感染症，百日咳，風しん，ペニシリン耐性肺炎球菌感染症，ヘルパンギーナ，マイコプラズマ肺炎，無菌性髄膜炎，薬剤耐性アシネトバクター感染症，薬剤耐性緑膿菌感染症，流行性角結膜炎，流行性耳下腺炎，淋菌感染症，カルバペネム耐性腸内細菌目細菌感染症，急性弛緩性麻痺（急性灰白髄炎を除く），播種性クリプトコックス症，新型コロナウイルス感染症
指定感染症	現在は該当なし
新感染症	現在は該当なし
新型インフルエンザ等感染症	現在は該当なし

> **コラム 新型コロナウイルス感染症 COVID-19**
>
> 　2019 年末に中国で発生した新型コロナウイルス感染症（COVID-19：Coronavirus disease 2019）は，瞬く間に世界中に拡大し，WHO は 2020 年 1 月 30 日には「国際的に懸念される公衆衛生上の緊急事態」の宣言，さらに同年 3 月 11 日には「パンデミック」の宣言を行った。これらの宣言から 3 年後の 2023 年 5 月 6 日には，WHO の「国際的に懸念される公衆衛生上の緊急事態」の宣言が終了したが，感染症の流行は完全に終焉したわけ

ではない．2023 年 8 月 17 日の時点では，全世界の累積患者数は
769,774,646 人，累積死亡者数は 6,955,141 人に達している．このような
新型コロナウイルス感染症の流行状況に鑑み，わが国では，2020 年 2 月 7
日には，当該感染症を「感染症の予防および感染症の患者に対する医療に
関する法律（感染症法）」における指定感染症に指定した．そして，2021
年 2 月 13 日には，2 類相当の新型インフルエンザ等感染症に指定した．そ
の後，ワクチンの開発と普及，検査・医療体制の確立，病原ウイルスの変
異等により，その脅威が減弱したことから，2023 年 5 月 8 日には，感染症
法での位置づけが，季節性インフルエンザと同じ 5 類に変更となった．

　特に，腸管出血性大腸菌感染症は，第 8 章・食中毒の項の表 8-3 に示
すように食中毒の事例数としては，それほど大きな数値を示していない
とは言え，患者数は数百人が記録されており，感染症法による届出（表
7-2）では数千人の患者数で，両者を合わせると膨大な数になり，重要な
感染症の 1 つと言える．

表 7-2　経口感染症患者数の変遷

年	コレラ	細菌性赤痢	腸管出血性大腸菌感染症	腸チフス	パラチフス	A 型肝炎	E 型肝炎	レジオネラ症	アメーバ赤痢	クリプトスポリジウム症	ジアルジア症
1999	39	620	3117	72	30	763	0	56	276	4	42
2000	58	843	3648	86	20	381	3	154	378	3	98
2001	50	844	4435	65	22	491	0	86	429	11	137
2002	51	699	3183	62	35	502	16	167	465	109	113
2003	24	473	2999	63	44	303	31	146	520	8	103
2004	86	604	3764	71	91	139	41	161	610	92	94
2005	56	553	3589	50	20	170	43	281	698	12	86
2006	45	490	3922	72	26	320	71	519	752	18	86
2007	13	452	4617	47	22	157	56	668	801	8	53
2008	45	320	4321	57	27	169	44	893	872	10	73
2009	16	181	3889	29	27	115	56	717	786	17	70
2010	11	235	4134	32	21	347	66	751	843	16	77
2011	12	300	3940	21	23	176	61	818	814	8	65
2012	3	214	3768	36	24	157	121	899	932	6	72
2013	4	143	4044	65	50	128	127	1124	1047	25	82
2014	5	158	4151	53	16	433	154	1248	1134	98	68
2015	7	156	3573	37	32	243	212	1592	1109	15	81

感染症法には多くの疾病（表7-1）が含まれており，対象となる病原体も細菌，ウイルス，真菌，原虫・寄生虫など，多様である。コレラ，細菌性赤痢，腸チフス，パラチフスは，1998年に感染症が制定された当初は2類感染症として分類されていたが，2006年の改正で3類に移行され，当初から3類であった腸管出血性大腸菌感染症と同じ類型となった。なお，赤痢には，3類の細菌性赤痢の他に5類のアメーバ赤痢がある。

1～3類の感染症は，いずれも感染症法の条文の中に記載・指定されている疾病である。そして，4類にはA型肝炎，E型肝炎のように法で指定されているものと，感染症法施行令で指定されているものとがある。さらに5類には，法指定と厚生労働省令で指定されて，感染症法施行規則に記載されているもの（アメーバ赤痢など）がある。これら1～4類の疾病および5類の疾病のうちの法令指定となっている疾病のすべてと省令指定の一部は，それらを診断した医療機関の医師は保健所に届出を行うことになっている。そして，その他の省令指定の5類感染症については，インフルエンザ定点，小児科定点，眼科定点などのような指定された定点医療機関からの届出が行われることになっている。

このような医療機関・医師からの感染症情報は，都道府県など（都道府県，保健所を置く市，特別区）を経て厚生労働省に伝達されて，感染症の発生動向として把握されている。

以下にいくつかの感染症をとりあげるが，ここでは，水の食品の汚染と感染症と観点から，3類に規定されている感染症などの細菌感染症と寄生虫・原虫症などを中心に記述する。

7-1　細菌感染症

7-1-1　コレラ

コレラはインド亜大陸に古くから存在した感染症とされているが，東西交易の進展に伴って18世紀初頭にヨーロッパに広がり，以後しばしば大流行が繰り返されている。現在は1960年頃に始まった第7次大流行が，大規模ではないが延々と続いている状態であり，開発途上国では多くの死者をだしている。特に，地震などの災害や紛争などで難民が発生した場合には大きな流行となる。第1次～第6次の大流行は古典型と呼ばれる菌による流行であったが，現在はエルトール型が主体である。ただし，このエルトール型の中でも様々な生物型や遺伝子の変異が起こっている。*Vibrio cholerae* はO抗原（菌体抗原）により血清型別されており，かつてはO1のみが流行性のコレラを起し，それ以外の，いわゆ

コレラ

エルトール型は，古典型に比べるとコレラ毒素の産生量が少なく，病原性が低いとされているが，最近ではエルトール型であるにもかかわらず古典型の遺伝子の一部を保有して高い病原性を示すEl Tor Variantと言わる遺伝子型の株が登場しており，様々な分子遺伝的な変化が起こっていると考えられている。

コレラは激しい水様便を主症状としているので，腸内容物が洗い流されて，通常便に見られる色素は失われてしまうので，ついには薄い白濁色，すなわち米のとぎ汁様の便になる。

るナグビブリオはまれに単発性の下痢を起すことがあるが，大流行を起さないと理解されていた。しかし，1992年にインド東部からバングラデシュに及ぶベンガル地方で新しい血清型であるO139によるコレラの流行が起こり，この型が主流となることが数年間続いたことがあった。

コレラは，この菌が産生するコレラ毒素によって引き起こされる激しい米のとぎ汁様の水様便（図7-1）が主症状で，脱水症状が進むと死に至る。そのため，治療には抗生物質投与も必要であるが，失われた水分の補充（輸液）がもっとも重要である。発熱や腹痛はあまり激しくない。

コレラの流行

　紛争の続くアフリカ，中東地域や，地震，台風などの災害が起こっている地域の避難キャンプでは，しばしばコレラが発生している。ハイチ地震では，救援活動に伴って，それまでコレラが定着していなかった地域にコレラが持ち込まれたが，アフリカ，中東，南アジアには，コレラが元から土着しているので，災害時にはコレラが発生しやすい。
　例えば，2015年からの中東イエメンでの内戦では，清浄な飲料水や食品の不足などで2017年になってコレラが流行し，数十万人の患者が出ていると報じられている。

コラム　ハイチ地震とコレラ

　中米のハイチでは，2010年に大地震に見舞われ，多くの被災者が出たが，同時にコレラが大流行して10万人の感染者，8,000人の死者が出たとされている。それまで長い年月，ハイチにはコレラの流行はなかったので，外部からの持込と推定され，国連の援助活動部隊によって持ち込まれたものとして，国連が謝罪したということがあった。たしかに援助活動によって持ち込まれたのは事実で，衛生管理が不十分であったと思われるが，多くの被災者が出ている状況では，国連が援助活動をせざるを得なかった状況であることは間違いない。そして開発途上国で地震のような大災害が起こり，多くの難民が発生しておれば，多数の感染症が発生するのはよくあることであり，十分に衛生管理を徹底して，援助活動を行うべきであったと思われる。

　コレラは，アジア（特に南アジア）やアフリカでは長年流行を続けているが，何故か中米，南米の開発途上国には侵入していない。しかし，一旦侵入するとかなりの流行を示すことは，1991年のペルーでの流行で示された。ペルーでは長年コレラの流行が見られなかったが，1991年に侵入して10万人以上の患者が報告されている。

V. cholerae は他のビブリオ属菌と異なり，NaCl濃度が低い状態でも生存できるため，淡水〜汽水中に生息し，飲料水や水産物が感染源になる。わが国では，第2次大戦終了直後に復員コレラと呼ばれる中規模の流行があった後，しばらく国内での患者は発生していなかった。しかし，1977年の和歌山県有田市での流行以来，旅行者あるいは輸入食品による感染を中心に患者の発生がみられ，表7-2に示すように毎年症例が報告されている。1995年にはインドネシアのバリ島で多くの日本人が感染して，その年の総計は306人にのぼるという特殊な例もみられたが，基本的に2桁であり，近年は数例にとどまっている。

　インド亜大陸，特に東インドやバングラデシュなどのベンガル地方は，

図7-1　コレラ水様便

古代からコレラの常在地域とされており，未だに流行の発信地となっている。インドやバングラデシュでは，しばしばコレラの流行が起こり，その他の開発途上国では，紛争や災害時などにコレラの流行が起こっている。例えば，2010年の中米ハイチでの大地震では多くの難民が出て，コレラが発生したが，救援物資に付着していたコレラ菌により感染したものと考えられている。コレラは，上述のようにコレラ毒素による消化管での水分の吸収阻害，水分漏出，すなわち脱水症状であり，治療としては適切な水分補給が重要である。したがって，医療設備が整っていれば点滴輸液療法，整っていない場合には，適切な処方の経口輸液の服用で，重症例でも救命につながる。いずれにしても医療機関での適切な輸液療法が重要であり，コレラ流行期でも医療機関に来院したコレラ患者の死亡例は，近年では極めて少ない。しかし，適切な治療を受けなかった場合には，高い致死率を示す。

　コレラの感染源は飲料水や不衛生な水で汚染された食品と考えられているが，流行地の自然水や生活用水などから通常の培養方法ではコレラ菌は検出されにくい。したがって，コレラ菌は自然界では通常の培養法で使用する培地では増殖することが困難な状態，すなわち生きてはいるが培養困難な細胞（Viable But Non-Culturable：VBNC）として存在している可能性が示唆されている。

7-1-2　細菌性赤痢

　赤痢は，大腸粘膜に侵入増殖して細胞を破壊し，壊死・潰瘍形成によって粘血便を出すので，その名がつけられている。しぶりばら，発熱や激しい腹痛が見られる。細菌性赤痢は，開発途上国での下痢症の重要な要因の1つであるが，わが国でも第2次大戦以前から1950年代にかけては，多くの患者がみられ，10万人以上の患者を出した年もあり，わが国の代表的な急性感染症であった。1つには，上水道の未整備，管理不備が影響していたと考えられる。環境インフラの整備，衛生管理の充実などによって，1960年代後半からは非常に減少しているが，未だに赤痢菌は国内に定着しており，毎年数百人の患者が発生している（表7-2）。また，アジア各地では流行が繰り返されており，旅行者下痢としての感染も多い。赤痢菌は腸内細菌の1つで，糞便により汚染された食品や飲料水から感染する。赤痢の病原体 *Shigella* は，抗原型の違いにより *S. dysenteriae, S. flexneri, S. sonnei, S. boydii* に分類されているので，共通的なワクチン開発を困難にしている。

7-1-3 腸チフス・パラチフス

Salmonella 属には，様々な血清型があるので，分類が混乱していたが，現在のところ，*Salmonella enterica* と *S. bongori* の 2 種に分類されて，*S. enterica* serovar Typhi（チフス菌）と *S. enterica* serovar Paratyphi A（パラチフス A 菌）が代表的な人への感染菌とされている。この 2 つの血清型は人のみに感染するとされているが，後述の食中毒性のサルモネラ属菌は，人および他の動物に感染し得る。チフス菌が経口摂取されるとリンパ組織で増殖して血流に入り，高熱，バラ疹（発疹），脾腫などの症状を示す。チフス菌は，各種の臓器に侵入して，患者は回復後も長期間保菌状態を続け（病後あるいは永久保菌者），間欠的に排菌して，感染源になることがある。そのため，感染源の特定に困難を来すことがある。パラチフスも腸チフスに似た症状であるが，やや軽症である。

例数は多くはないが，毎年継続的に症例が報告されており，その中には海外渡航者の輸入例なども含まれている。

7-1-4 腸管出血性大腸菌感染症

大腸菌 *Escherichia coli* は，腸管の常在菌であり，多くの血清型が知られているが，その多くは非病原性とされている。しかし，20 世紀半ば頃から，ある種の血清型（O55 など）が下痢の原因となることが知られるようになり，腸管病原性大腸菌 Enteropathogenic *E. coli*（EPEC）と呼ばれるようになった。また別の血清型では，コレラと同様な米のとぎ汁様の水様便の下痢症状を引き起こす大腸菌が知られるようになり，さらに他の種類も見いだされて，表 7-3 のような分類が生まれた。

表 7-3　下痢を起こす大腸菌

腸管病原性大腸菌	Enteropathogenic *E. coli*（EPEC）	感染侵入型
腸管侵入性大腸菌	Enteroinvasive *E. coli*（EIEC）	感染侵入型
腸管毒素原性大腸菌	Enterotoxigenic *E. coli*（ETEC）	感染毒素型
腸管出血性大腸菌	Enterohemorrhagic *E. coli*（EHEC）	感染毒素型
腸管凝集性大腸菌	Enteroaggregative *E. coli*（EAggEC）	感染侵入型

中でも感染力が強く，感染症法の対象として取り上げられているのが，腸管出血性大腸菌 Enterohemorrhagic *E. coli*（EHEC）であり，赤痢菌と同様な性状をもち，大腸粘膜に侵入して血便を生ずることを特徴としている。赤痢菌の毒素 Shiga Toxin と同様の毒素を産生することから Shiga-toxin Producing *E. coli*（STEC）とも呼ばれる。

1982 年に米国オレゴン州とミシガン州のハンバーガーチェーン店で O157：H7 による中毒例が報告されて以来，欧米の各所で報告されるよ

うになった。わが国では，1990年に埼玉の幼稚園での事例が報告されていたが，1996年に大阪堺市での学校給食における O157：H7 の集団感染を代表例として，全国ほとんどの都道府県での感染事例（10,000人を超える患者，堺で3人，岡山県で2人の死亡例）が報告された。

これを受けて，翌1997年からは食品衛生法施行規則175条に基づく様式十四の食中毒票の大腸菌が，「腸管出血性大腸菌」と「その他の大腸菌」に分けて記載されるようになり，その後，感染症法の第3類に腸管出血性大腸菌が加えられた。

表7-2に示されたように，腸管出血性大腸菌感染症は毎年3,000～4,500人という多くの患者数が報告されている。

7-1-5　その他

(1) レジオネラ症

レジオネラ菌は，1976年にフィラデルフィアで開催された在郷軍人会 The American Legion で起こった肺炎で見いだされたことから，在郷軍人病 Legionnaires' disease の名と，*Legionella* という細菌の学名がつけられた。水系の細菌で，自然水にも生息するが，クーリングタワーの冷却水に生息することがあり，エアーコンディションを介して空気汚染をすることがある。また，循環式の浴槽水を汚染して感染者を出した例もあり，高齢者施設や，ホテルなどの公共的な建物でも，水系汚染から肺炎感染事例を出すという問題が発生する恐れがある。

(2) リステリア症

リステリア症は，幼児，高齢者，妊婦など，抵抗力の弱い人に多く，髄膜炎や胃腸炎などが見られる。リステリア菌はウシ，ヒツジ，ブタなどの腸管に寄生しており，乳製品や食肉をしばしば汚染しているので，衛生管理が不十分な原乳を用いて作られたナチュラルチーズで問題になることがある。欧米ではリステリア症がしばしば発生しており，ナチュラルチーズ，コールスローサラダ，生乳などが原因となっている。リステリア菌が低温に強いので，冷蔵庫のなかでも十分増殖することが食品衛生上の問題である。妊婦の感染では，筋肉痛関節痛を伴う熱性疾患の妊婦リステリア症になることがあり，子宮内感染で胎児が感染すると敗血症，肉芽腫症，早期流産や新生児髄膜炎などの問題につながる恐れがある。

7-2 寄生虫症

7-2-1 原虫症

原虫類には，クリプトスポリジウム，ジアルジア，サイクロスポーラ，赤痢アメーバなどのように飲料水を介した下痢症を起こすものがある。クリプトスポリジウム症，ジアルジア症およびアメーバ赤痢が感染症法の5類に指定されている。

(1) クリプトスポリジウム症

1980年代から，イギリスやアメリカではクリプトスポリジウム症の集団発生が毎年のように報告されるようになった。

大きな事例では，1963年にアメリカのウイスコンシン州で水道水により40万人が発症するというものがあり，それ以前にも，数万人規模のものがいくつか報告されていた。わが国では，1994年に神奈川県でビルの給水系の汚染で461人の患者を出す事例があり，続いて，1996年に埼玉県で町営水道によって9,000人近い大規模な集団事例があった。人に感染して下痢を起こすのは *Cryptosporidium parvum* であり，人以外にもウシ，ヤギ，ブタ，ウマ，イヌ，ネコなど多くの動物に感染する。腸内では，有性生殖と無性生殖をくり返して増殖し，有性生殖でできたオーシスト（卵嚢体）が排出されて水や食品を汚染して感染源になる。オーシストは5 μm程度の楕円形で，細菌よりも大きく，酵母程度の大きさを持つため，上水道の浄水操作で十分除去可能である。しかし，塩素消毒ではほとんど死なず，非常にわずかな数で感染を起こす。また，水中で感染力を持続したまま数カ月間生存し得るので，浄水操作をくぐり抜けてしまうと厄介である。ただし，加熱には弱い。

毎年数十例の患者数が報告されているが（表7-2），旅行者下痢の要因としても重要視されている。

(2) ジアルジア症

ランブル鞭毛虫 *Giardia lambia* により起こる下痢症で，飲料水，野菜などから感染する。海外での感染，すなわち旅行者下痢の原因となりやすい。旅行者下痢を含めて，毎年数十例の患者数が報告されている（表7-2）。一方，アジア，アフリカなどの熱帯，亜熱帯地域では，下痢症として，かなりのウエイトを占めており，その地域への旅行者下痢が，ある程度報告されている。

シスト（嚢子）が水中に排出されるが，これは水中で数か月感染力を維持し続ける。上水道の浄化で使われている塩素の濃度では殺菌されないが，60℃程度の低温加熱殺菌で不活化させることが可能である。

（3）アメーバ赤痢

Entamoeba histolytica のシストの経口感染により起こる感染症である。発熱，腹痛，粘血便を排泄する下痢，腹痛のアメーバ性大腸炎などを起こすのでアメーバ赤痢と名付けられている。多くは水，食品の経口感染であるが，まれには同性愛者の感染もある。

数百例が報告される年が続いていたが，近年は増加して細菌性赤痢の報告数を超えており，2013 年以降は 1000 件以上の報告数となってきている（表 7-2）。

（4）トキソプラズマ症

トキソプラズマ *Toxoplazma gondii* はネコ科の動物を最終宿主として，糞便内にオーシスト排出する。オーシストは水中や土壌中で，長期間感染力を維持し続ける。

人は中間宿主であり，オーシストを含む水や種々の食品を摂取した場合，オーシストは体内でシストに変化して臓器内に寄生する。通常は不顕性感染であるが，免疫を持たない妊婦の感染では問題になることがある。妊娠初期には流産・死産など，後期では胎児の先天性トキソプラズマ症，出生時の異常などの問題が起こることがある。

また，AIDS 患者のような易感染性宿主の場合には，カリニ肺炎と共に重篤な日和見感染症の要因となる。

（5）クドア

生食用の生鮮ヒラメによる嘔吐や下痢などの食中毒が見られるようになり，粘液胞子虫類 *Kudoa septempunctata* が食品衛生法施行規則第 75 条に示す様式十四号による食中毒事件票の食中毒病因物質の扱いを受けるようになった。食中毒統計に載るようになって，毎年 20 〜 40 件，患者数は 200 〜 400 名が記録されている。

クドアは 10 μm 程度の微小な原虫で，魚類とゴカイ，イトミミズなどの環形動物との間を行き来する生活環を形成しているが，食中毒の原因となるのは養殖ヒラメが多い。食後数時間という短時間での発症という，潜伏期が短いのが特徴となっている。下痢と嘔吐が主症状であるが，比較的軽症が多い。

クドアの人への病原性

十分には認識されていなかったが，国立医薬品食品衛生研究所，国立感染症研究所，地方衛生研究所などの共同調査によって，養殖ヒラメなどの魚類に寄生のクドアによる感染症例の実態が示されて，アニサキス，サルコシスティスとともに食中毒の病因物質として 2013 年から食中毒統計表に記載されるようになった。

7-2-2　蠕虫症

（1）線虫症

a）回虫症

回虫 *Ascaris lumbricoides* の虫卵が付着した野菜などの食品を食すると，虫卵が消化管に入り，小腸で孵化して幼虫となり，門脈を経て肝

臓，肺などの体内移行をし，一過性の肺炎を起こすこともあるが，気管を逆行して再び消化管に戻り成虫となる。雄の成虫は 20 ～ 30 cm 程度であり，多数の消化管寄生では宿主への栄養障害や，場合によっては腸閉塞につながることもある。糞便と共に虫卵が排出されるので，屎尿を農業用肥料として用いた場合には，糞口感染の可能性が高くなる。屎尿も十分に腐熟させれば，虫卵も死滅させることができるが，わが国では，第 2 次大戦以降の 10 数年間は，食料不足であり，未熟屎尿が多量に肥料として用いられたこともあって，国民の半数以上が回虫を保有するという時期が続いた。しかし，農業形態の変化，下水処理・屎尿処理の変化，食品衛生管理の進展などによって，近年は回虫症が見られなくなった。ただし，東南アジアなどでは未だに色々な食品からの感染がありそのような地域からの輸入食品の汚染には注意を払う必要がある。国内でも農業形態の在り方などによっては，回虫汚染の可能性もある。

> **コラム　寄生虫予防法**
>
> 　わが国では，回虫症，十二指腸虫症（鉤虫症），日本住血虫症，肝臓ジストマ（肝吸虫症）の予防のために，寄生虫病予防法が 1921 年に制定された。第 2 次世界大戦後の 10 数年間は未熟屎尿の肥料への使用の影響で回虫保有率が極めて高い状況となり，本法に基づいて小中学校等での検便と駆虫剤投与が実施された。農業用肥料の変化，屎尿処理の進展，都市下水の整備などによって，1970 年代以降は回虫症が激減した。さらに日本住血吸虫症などもほとんど見られなくなったので，寄生虫病予防法は 1994 年に廃止された。しかし内容は，1998 年に成立した感染症法に引き継がれている。

<aside>
アニサキス

　第 8 章に示すように，2013年に食中毒統計表に登場して以来，毎年 100 人前後の患者が報告されている。ヒラメ食中毒のクドアと同様に，海産魚は新鮮ならば，生食，すなわち刺身も安全であるという概念は，魚種によっては注意すべきであるということを，アニサキスは教えている。
</aside>

b）アニサキス

　アニサキスはクジラやイルカを最終宿主とする線虫であるが，第 3 期幼虫がサバやイカなどの海産魚を中間宿主としており，これらの魚を食べた人の消化管壁に侵入して，胃アニサキス症，あるいは腸アニサキス症と呼ばれる激しい腹痛をおこすことがある。魚に寄生しているアニサキス幼虫は熱に弱いので加熱調理すれば死滅し，数時間の冷凍でも死滅させることができる。

　感染する幼虫は，体長 11 ～ 37 mm 程度で可視的であり，胃アニサキス症は内視鏡での摘出処置も可能とされている。

　2013 年の食品衛生法施行規則改正で，様式十四の食中毒票の食中毒病因物質に加えられた。

(2) 吸虫（ジストマ）症

肝吸虫症（フナ，モツゴなど），横川吸虫症（アユ，シラウオなど）のように，吸虫症は淡水魚による感染症が多く，したがって，海水魚のサシミは比較的安全ということで，多く食されるが，淡水魚は生食が好まれない原因になっている。

(3) 条虫（サナダ虫）症

条虫はサナダ（真田）虫と言われ，有鉤条虫，無鉤条虫，マンソン裂頭条虫などがある。真田紐のような平たいひも状の形態をしており，頭節に数個から数千個の片節が連なる長い形態をしている。有鉤条虫の宿主は人で，消化管内で2〜3mにおよぶ条虫体を形成する。有鉤条虫の囊虫（幼虫）が寄生している豚肉を加熱不十分で食べると感染するので，豚肉は十分な加熱が必要である。

真田紐

縦糸と横糸を織機で細長く織った平たい織物であり，伸びにくく丈夫であるので，重いものを吊り下げるのに適しており，徴用されている。関ヶ原の戦いの後，九度山に蟄居していた真田昌幸・信繁（幸村）父子が作成，あるいは広めたという説があり，それが名の由来とも言われるが，定かではない。

いずれにしても，条虫の薄くて細長い形態が真田紐に似ていることから，サナダ虫と呼ばれるようになった。

コラム　食品安全のための養殖

水産業では，多くの魚介類が養殖されているが，これは限られた水域で確実に十分な漁獲量・収益を上げることを目的としている。すなわち，開放系の広い海洋での漁業では，ベテランの漁師と言えども，良い漁場に遭遇しなければ十分な漁獲量をあげることができないこともあるが，養殖であれば，ある程度の収穫を見込むことが可能である。

しかし，別の観点での養殖漁業の方向性もあり，その1つが「食の安全のための養殖」あり，閉鎖されて，良く管理された水槽などでの安全な魚介類の養殖が試みられている。

例えば，サバは寄生虫アニサキスの中間宿主であるので，アニサキスの幼虫を含むサバを生食した場合には胃や腸の激しい痛み（アニサキス症）を起こすことがある。そこでこれを防ぐために，アニサキス幼虫が生息していない安全な地下海水を用いた水槽で養殖した生食用のサバが，地方特産で市販されている。

あるいは，フグの毒（テトロドトキシン）はビブリオ属菌などの海洋細菌が産生して，食物連鎖によりフグに取り込まれてフグの臓器が毒化することが解明されている。そこで，良く管理された水槽でフグを養殖すれば，フグの毒化を防止し，無毒のフグを養殖できる。この無毒養殖フグの販売の許可申請が出されているが，2017年現在，認定されていない。

8 食中毒

8-1　微生物性食中毒

　食中毒は，その名の通り食品が原因で中毒症状を起こすことで，中毒を引き起こす病因物質には化学物質，自然毒，微生物などがあり，その多くを微生物が占めている。その一方で，食品由来感染症という言葉があるが，第7章で記したように，微生物による食中毒と食品由来感染症は，ときには区別され，ときには重複しており，コレラや赤痢，腸管出血性大腸菌感染症などは，食品衛生法と感染症法の双方の規制対象になっている。

　経口感染症と微生物性食中毒との相違点を示す指標としては，おおむね以下のような病原体としての強さ，感染量の相違が示されてきた。

　① 感染が成立するための微生物量が，経口感染症は少量であるのに対して，食中毒は大量を要する，② 潜伏期は，感染症は長いが，食中毒は比較的短い，③ 二次感染が感染症では起こり易いが，食中毒では起こりにくい，などがあげられる。

　すなわち，感染症を起こす微生物は感染力が強いので，わずかな量が口に入った場合でも消化管の抵抗に打ち勝って増殖し感染を成立させることができるが，食中毒起因の微生物は病原性が比較的弱いので，実際に症状がでるためにはかなりの菌量に増える必要があるという病原体自身の性状に基づいて概念的に区別されて来た。そして，法的にも経口感染症は，かつては伝染病予防法により規制され，食中毒は「食品衛生法」により規定・規制されていた。しかし，食中毒細菌の範疇に入る腸管出血性大腸菌は極めてわずかな菌量で感染が成立し，二次感染の可能性もあり，逆に食中毒の範疇に入れてもよいような軽症の赤痢やコレラなども見られる。

　すなわち，上の①，②，③に示したような区別は，絶対的なものではなく，感染症として扱われている疾病の病原体によって，食中毒の範疇に入れるべき事例も起こり得るし，食中毒事例での二次感染も発生する

病因物質

　表8-3に示すように，8割以上を微生物が占めている。したがって，統計表の表示でも，微生物は，細菌，ウイルス，寄生虫に分け，さらにそれぞれの種を記載して記述しているが，他は化学物質，自然毒（植物性自然毒，動物性自然毒）とのみ記して，その詳細は記載されていない。

経口感染症

　$10^2 \sim 10^3$ 程度の菌体の侵入で発症する場合もあるが，食中毒の場合は $10^8 \sim 10^{10}$ 程度を必要とする場合が多い。
　また，1週間から10日程度の潜伏期を必要とするものがあるので，原因食品を特定しにくい場合が多い。一方，食中毒では半日〜2，3日の潜伏期で発症するものが多い。

軽症のコレラ

　かつて流行していた生物型である古典型に比べて，現在のエルトール型はやや病原性が弱いので，食中毒の範疇に入るものがある。また，赤痢も *Shigella dysenteriae* に比べると *S. sonnei* はやや病原性が弱い。

が，一応の概念としての両者の区別になっている。

　食品衛生法第58条に，食中毒が発生した場合には，都道府県知事など（知事，保健所を設置する市の市長および特別区の区長）は，食品衛生法施行規則第75条に示す様式十四号による食中毒事件群報（表8-1）および食中毒事件票（表8-2）に従って届出を行うことになっている。したがって，この事件票に記載されている項目（病因物質）が，現在，一般的に食中毒原因物質として認識されている因子である。

表8-1　食中毒事件票

1　食中毒発生の概要に関する次に掲げる事項
　1）発生年月日
　2）発生場所
　3）原因食品などを摂取した者の数
　4）死者数
　5）患者数
　6）原因食品など
　7）病因物質
2　食中毒発生の情報の把握に関する事項
3　患者および死者の状況に関する次に掲げる事項
　1）患者および死者の性別および年齢別の数
　2）患者および死者の発生日時別の数
　3）原因食品などを摂取した者の数のうち患者および死者となつた者の数の割合
　4）患者および死者の原因食品などの摂取から発病までに要した時間の状況
　5）患者および死者の症状および症状別の数
4　原因食品などおよびその汚染経路に関する次に掲げる事項
　1）原因食品などを特定するまでの経過および特定の理由
　2）原因食品などの汚染経路
5　原因施設に関する事項
　1）原因施設の給排水の状況その他の衛生状況
　2）原因施設の従業員の健康状態
6　原因物質に関する事項
　1）微生物学的もしくは理化学的試験または動物を用いる試験による調査結果
　2）病因物質を特定するまでの経過および特定の理由
7　都道府県知事などが講じた処分その他の措置の内容

　この事件票記載の項目は，何回かの食品衛生法施行規則改正により追加されてきている。

　たとえば，1982年の改正ではカンピロバクターとウエルシュ菌が加えられ，1999年には，ウイルスが加えられると共に，1996年の全国的な腸管出血性大腸菌感染症の流行を受けて，大腸菌が腸管出血性大腸菌とその他の大腸菌に分けられて，食中毒統計に記載されるようになった。ウイルスは，食品中で増殖することがないので，微生物が食品中で増加して中毒を起こすという食中毒の概念には適合せず，「食中毒」としては扱われていなかったが，現実には冬期にカキなどが原因となるウイルス性

の感染, 下痢や嘔吐などの中毒が頻発しており, 検査法が進歩したので, 食中毒因子として扱われるようになった。

さらに 1999 年には, 感染症法が成立し, 従来は伝染病予防法のみで扱ってきたコレラ菌, 赤痢菌, チフス菌, パラチフス A 菌も, 食品衛生法第 58 条に規定した食中毒患者から分離したものについては, 食中毒事件票に記載する (すなわち食中毒原因菌として扱う) ことが決められた。

そして 2013 年には, 寄生虫・原虫類としてクドア, サルコシステス, アニサキスが追加された。

このように食中毒票記載の食中毒因子は多彩であり, これに基づいて保健所から都道県知事などへの届出がなされ, 食中毒統計が公表されている。

食中毒という言葉も, 一般的な概念では, 食品によって起こる疾病のすべてを指すが, 行政的には上述のように食品衛生法施行規則 75 条の様式十四食中毒票 (表 8-2) に規定された食中毒の病因物質を指しており, ① 微生物による食中毒 (1〜22), ② 化学物質による食中毒, ③ 自然毒 (動物毒および植物毒) による食中毒が含まれ, これが狭義の食中毒の概念となっている。

表 8-2 食品衛生法施行規則 第 75 条 平成 24 年改正
様式十四 食中毒事件票記載の病因物質

1. サルモネラ属菌, 2. ぶどう球菌, 3. ボツリヌス菌, 4. 腸炎ビブリオ, 5. 腸管出血性大腸菌 (VT 産生), 6. その他の病原大腸菌, 7. ウエルシュ菌, 8. セレウス菌, 9. エルシニア・エンテロコリチカ, 10. カンピロバクター・ジェジュニ／コリ, 11. ナグビブリオ, 12. コレラ菌, 13. 赤痢菌, 14. チフス菌, 15. パラチフス A 菌, 16. その他の細菌, 17. ノロウイルス, 18. その他のウイルス, 19. クドア, 20. サルコシスティス, 21. アニサキス, 22. その他の寄生虫, 23. 化学物質, 24. 植物性自然毒, 25. 動物性自然毒, 26. その他, 27. 不明

表 8-3 は, いくつかの年次を抽出して, 食中毒病因物質別の事件数・患者数・死者数を示している。1990 年代には, コレラ, 赤痢などは, いわゆる感染症の範疇に入っていたために含まれておらず, ウイルスは食中毒の食品衛生法施行規則の対象にはなっていなかったので, 表の中には記載されていない。そして 1997 年の時点では, 大腸菌はひとまとめで示されており, 1999 年から腸管出血性大腸菌が独立して記録されている。また, 1999 年の表ではウイルスが, 2002 年からはコレラ, 赤痢などが記載され, 2013 年からはクドアなどの寄生虫が加わっていることがわかる。そしてわずかとは言え, 死者も記録されており, 多くはフグなどの自然毒であるが, 腸管出血性大腸菌感染症による死者がしばしば記録

されている。

表 8-3　病因物質別の食中毒事件数・患者数・死者数

病因物質	1997			1999			2002			2012			2013			2014			2015			2016		
	事件	患者	死者	事件	患者	死者	事件	患者	死者	事件	患者	死者	事件	患者	死者	事件	患者	死者	事件	患者	死者	事件	患者	死者
総　　　　　数	1960	39989	8	2697	35214	7	1847	27411	18	1100	26699	11	931	20802	1	976	19355	2	1202	22718	6	1139	20252	14
細　　　　　菌	1630	29104	2	2356	27741	4	1377	17534	11	419	5964	8	361	6055	—	440	7210	—	431	6029	—	480	7483	10
サルモネラ属菌	521	10926	2	825	11888	3	465	5833	2	40	670	—	34	861	—	35	440	—	24	1918	—	31	704	—
ぶどう球菌	51	611	—	67	736	—	72	1221	—	44	854	—	29	654	—	26	1277	—	33	619	—	36	698	—
ボツリヌス菌	2	4	—	3	3	—	1	1	—	1	2	—	—	—	—	—	—	—	—	—	—	—	—	—
腸炎ビブリオ	568	6786	—	667	9396	1	229	2714	—	9	124	—	9	164	—	6	47	—	3	224	—	12	240	—
腸管出血性大腸菌（VT産生）	176	5407		8	46	—	13	273	9	16	392	8	13	105	—	25	766	—	17	156	—	14	252	10
その他の病原大腸菌				237	2238	—	83	1367	—	5	219	—	11	1007	—	3	81	—	6	362	—	6	569	—
ウエルシュ菌	23	2378	—	22	1517	—	37	3847	—	26	1597	—	19	854	—	25	2373	—	21	551	—	31	1411	—
セレウス菌	10	89	—	11	59	—	7	30	—	2	4	—	8	98	—	6	44	—	6	95	—	9	125	—
エルシニア・エンテロコリチカ	3	68	—	2	2	—	8	8	—	3	135	—	1	52	—	1	16	—	—	—	—	1	72	—
カンピロバクター・ジェジュニ／コリ	257	2648	—	493	1802	—	447	2152	—	266	1834	—	227	1551	—	306	1893	—	318	2089	—	339	3272	—
ナグビブリオ	3	14	—	2	4	—	2	30	—	1	1	—	3	446	—	1	1	—	—	—	—	—	—	—
コレラ菌							2	10	—	—	—	—	—	—	—	—	—	—	—	—	—	—	—	—
赤痢菌							2	36	—	—	—	—	—	—	—	—	—	—	—	—	—	—	—	—
チフス菌										—	—	—	—	—	—	1	18	—	—	—	—	—	—	—
パラチフスA菌										—	—	—	—	—	—	—	—	—	—	—	—	—	—	—
その他の細菌	10	173	—	19	50	—	9	11	—	6	132	—	7	263	—	5	254	—	3	15	—	1	140	—
ウ　イ　ル　ス				116	5217	—	268	7768	—	432	18637	—	351	13645	—	301	10707	—	485	15127	—	356	11426	—
ノロウイルス				116	5217	—	267	7746	—	416	17632	—	328	12672	—	293	10506	—	481	14876	—	354	11397	—
その他のウイルス				0	0	—	1	22	—	16	1005	—	23	973	—	8	201	—	4	251	—	2	29	—
寄　生　虫													110	339	—	122	508	—	144	302	—	147	406	—
クドア													21	244	—	43	429	—	17	169	—	22	259	—
サルコシスティス													1	6	—	—	—	—	—	—	—	—	—	—
アニサキス													88	89	—	79	79	—	127	133	—	124	126	—
その他の寄生虫													—	—	—	—	—	—	—	—	—	1	21	—
化　学　物　質	5	216	—	8	134	—	9	154	—	15	136	—	10	199	—	10	70	—	14	410	—	17	297	—
自　　然　　毒	88	305	6	121	377	3	121	370	7	97	267	3	71	185	1	79	288	2	96	247	4	109	302	4
植物性自然毒	86	211	—	87	310	1	79	297	1	70	218	2	50	152	1	48	235	1	58	178	2	77	229	4
動物性自然毒	32	94	6	34	67	2	42	73	6	27	49	1	21	33	—	31	53	1	38	69	2	32	73	—
そ　の　他				1	1	—	2	25	—	107	491	—	—	—	—	1	123	—	1	2	2	3	16	—
不　　　　　明										30	1204	—	28	379	—	23	449	—	31	601	—	27	322	—

　また，上段左側の 20 世紀の部分（1997，1999 年）はまだ多数の腸炎ビブリオ食中毒が報告されているが，2010 年代になると極めてわずかとなり，カンピロバクターとノロウイルスが多数を占めている。このことは，図 8-1 を見ると明確である。

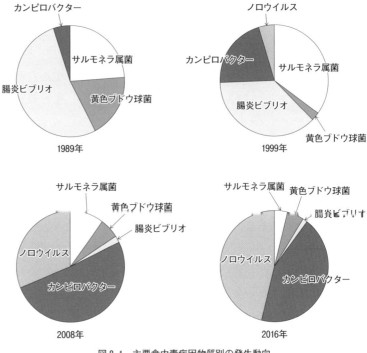

図 8-1　主要食中毒病因物質別の発生動向

8-1-1　細菌性食中毒

（1）腸炎ビブリオ Vibrio parahaemolyticus

　グラム陰性無芽胞桿菌で，極単毛性鞭毛で運動性を示すが，固形培地上では多数の側毛を生じて遊走性を示す。2～3％の NaCl 存在下でよく増殖する低度好塩菌であり，NaCl 濃度が低いと溶菌するので，淡水中には生息せず，汽水～海水域に生息する。1950 年に大阪で起こったシラス中毒事件の際に，藤野恒三郎博士により発見された。

　水温の低い冬季にはほとんど検出されないが，水温の上昇とともに増加して魚介類を汚染するので，夏季の海産物による食中毒の主要な原因になる。魚の生食，すなわちさしみやすしによる食中毒が多いが，魚を調理したまな板などを介して他の食品を 2 次汚染して食中毒を起す場合もあり，いずれにしても，海産物を多食するわが国で多い食中毒であった。最近でこそ，ノロウイルスやカンピロバクターが件数の 1 位になっており，腸炎ビブリオ食中毒は極めてわずかになった。かつては腸炎ビブリオの食中毒事件数が極めて多く，20 世紀後半は例外的な年度を除いて，常に腸炎ビブリオが食中毒事件数の 1 位を記録していた。

　本菌は，海水中の常在細菌であり，夏季の沿岸海水を検査すると高率

に検出されるが，そのすべてが食中毒を起すわけではない。すなわち，100℃，10分間の加熱に耐える耐熱性溶血毒素 TDH を産生する一部の株のみが食中毒の原因となり，これを産生しない大部分の株は食中毒を起こさない。この溶血現象は神奈川県衛生研究所において発見されたので，それにちなんで神奈川現象とよばれており，病原性株の指標として腸炎ビブリオ検査の重要な試験項目となっている。

本菌は細菌の中でも特に増殖が早いので，生食用の魚を長時間暖かいところに放置しないことが食中毒の予防にとって，もっとも重要である。また，魚を調理したまな板で他の食品を調理する際には十分な洗浄，ときには消毒，さらにその食品を長時間保存しないなどの注意が必要である。

(2) サルモネラ属菌 *Salmonella*

グラム陰性無芽胞桿菌，周毛性鞭毛を持つ。腸内細菌目に属しており，多くの家畜や野生鳥獣の腸管に生息している。第7章に記したように近年の *Salmonella* の血清学的分類では，大部分は *S. enterica* に属する血清型となっている。このうち，*S. enterica* serovar Typhi および Paratyphi A は人の腸チフスおよびパラチフスの原因菌として知られており，人が宿主となって慢性的な保菌状態になっている場合がある。一方，他の血清型は多くの鳥獣が保有していて人にも食中毒を起こし，回復後もある程度の期間は人の腸管に残存することもあるが，長期間慢性的に保菌することはない。

サルモネラ属菌は動物の腸管に生息しているので，糞便により汚染された食品，すなわち解体処理時や採卵時に汚染された肉製品，卵製品などが食中毒の主要な原因食となる。卵の殻に付着した細菌は簡単には内部に侵入しないが，長期保存すると細かい傷から侵入して内部を汚染するので，生食用には鮮度が重要である。また，サルモネラ属菌は内臓に侵入する特性を持っているので，卵巣から直接卵に侵入していることがまれにあるので，この場合には排卵時にすでに内部が本菌で汚染されている。ただし，殻を保った正常な状態の卵の中では細菌の繁殖力は弱いので，新鮮な卵では汚染菌もあまり増殖できない。しかし，殻を割ってしまうと卵の抵抗力は弱くなり，新たな汚染も受けやすいので，殻つき卵以上に保存には注意を払う必要がある。

1990年代にサルモネラ食中毒が世界的に増加したことがあったが，卵製品の流通システムの変化も一因と思われる。また，イカ製品による全国的な食中毒が発生したことがあり，その他菓子類など，肉・卵以外の食品が原因になる場合もあって，菌の変化も含めて様々な要因が考えら

サルモネラ属菌の血清型

Salmonella enterica serovar Typhimurium（ネズミチフス菌），*S. enteica* serovar Enteritidis（腸炎菌）などが食中毒の原因菌として多く分離さるが，他にも Cholerasuis（ブタコレラ菌），Gallinarum（ヒナ剥離菌）などの serovar による食中毒も発生する。

豚コレラ（トンコレラ，あるいはブタコレラ）という名称では，近年はむしろ *S. enteica* serovar Cholerasuis よりも Pestivirus によるウイル性疾病のアフリカ豚コレラの方が良く知られている。わが国では，1992年の熊本での事例以降確認されていなかったが，2018年に岐阜の養豚場で確認されて飼育豚が殺処分されて話題になった。

豚や猪に感染するが，*S. enteica* serovar Cholerasuis とは異なり，人への影響はないとされている。

イカ菓子による食中毒

1999年に，青森県の業者が製造した乾燥イカ菓子により，全国46都道府県で1,634人にのぼる患者を出す食中毒事件が発生し，原因菌として *Salmonella enterica* serovar Oranienburg および subsp. Chester が同定されている。これらの subspecies による食中毒はめずらしいが，イカ菓子の製造工場付近の環境，海鳥の糞などから serovar Oranienburg が検出されるなどの疫学調査の報告も行われ，注目された。

れている。

(3) カンピロバクター *Campylobacter jejuni/coli*

極双毛または極単毛をもつグラム陰性無芽胞，S字状に湾曲した桿菌である。増殖が遅いので，通常の検査培地では検出しにくく，病原菌としてあまり認識されていなかったが，ブルセラ培地などによるやや高温（42℃）での微好気培養（O_2 および CO_2，3〜5%）によって他の細菌の増殖を抑えることによって本菌を選択増殖させることができることが明らかになり，食中毒例から多くの分離例が報告されるようになった。*C. jejuni* と *C. coli* は馬尿酸の分解性の有無で区別されるが，その他の点では極めて似ており，食中毒統計でもカンピロバクター・ジェジュニ／コリとしてひとまとめにして扱われている。

多くの家畜および野生鳥獣の腸管内に生息しているので，鶏肉などの食肉が感染源となることが多いが，潜伏期が2〜11日と長いため，しばしばその特定が困難となる。主な臨床症状は下痢，腹痛，発熱，嘔吐などであり，サルモネラ食中毒のそれに類似しているが，比較的軽度である。

カンピロバクターは食中毒の病原体として重要である。比較的軽症例が多いとは言え，食中毒の発生件数が極めて高いということが問題で，小児などの食の安全，特に鶏肉などの衛生管理が重要である。そして，もう1つ危惧される問題はギランバレー症候群（Guillan-Barre Syndrome：GBS）の主要な先行感染症の1つであることである。GBSは下肢の筋力低下から麻痺が体幹部を上行する疾病であり，多くの場合，先行感染があり，カンピロバクターは，サイトメガロウイルス，EBウイルス，マイコプラズマと並んで，その主要な病原体となっている。もちろん，カンピロバクター感染後にGBSを発症するのは0.1%以下で，低い確率であるが，色々と懸念されている。単発の小児下痢症の原因菌としての分離頻度が非常に高い。近年は1人の患者でも食中毒事件として届出がされることも多くなったので，本菌による食中毒事件数が増加しており，腸炎ビブリオ，サルモネラ属菌の食中毒が減少した近年は，本菌食中毒がノロウイルス食中毒とならんで多数を占めている。

(4) 大腸菌 *Escherichia coli*

大腸菌は温血動物の腸管内常在菌であり，病原性の問題とは別に，屎尿汚染・衛生指標の項目とされている。大腸菌は，グラム陰性の無芽胞桿菌で周毛性鞭毛を持ち，乳糖を分解して酸とガスを産生する性状が特徴であり，この性状が衛生指標としての大腸菌試験に利用されている。

人の腸内にも常在しているので，多くの血清型は，易感染性宿主に対

ギランバレー症候群とカンピロバクター

運動神経麻痺疾患であるギランバレー症候群は，いくつかの先行する感染症が報告されているが，カンピロバクターもその1つで，サイトメガルウイルス，EBウイルス，マイコプラズマとならんで，代表的な先行する疾患の病原体とされている。しかし，その機構は十分には解明されていない。

して日和見感染としての肺炎や敗血症，さらには尿路感染症などを引き起こすことがあるが，健康な人に感染症を引き起こすことはほとんどない非病原性のものである。しかし，前章にも述べたように特定の血清型株は人の下痢症の原因となることが明らかとなり，下痢を起す大腸菌は（表7-3参照）EPEC，EIEC，ETEC，EHEC，EAggEC の分類がなされている。このうち，腸管出血性大腸菌 EHEC については，感染症法で経口感染症の病原体として，また食品衛生法で食中毒病因物質として指定されている。

大腸菌下痢症・食中毒は，動物の糞便によって汚染された肉や卵類が原因食品になりやすいが，EHEC のように非常にわずかな菌量で発症するものもあるので，多彩な食品が原因食品になっている。大腸菌は人の腸管に常在するので下痢便から大腸菌が検出されたとしても，それが原因菌であるとは断定しにくい。しかし，1945 年にイギリスの産院で起こった集団下痢症で特定の血清型の大腸菌が優勢に検出されたことから，下痢の原因菌としての大腸菌が認識されるようになった。これが EPEC である。

EPEC は腸管上皮に定着して組織を侵襲することによって下痢を起こす。食中毒統計に「その他の大腸菌」として現われているものの大部分はこの型のものである。その後 EPEC 以外のタイプの大腸菌でも下痢が起こることが明らかになり，現在のような分類が生まれた。このうち，EHEC は先進国で，ETEC は開発途上国で多く見られる。

EHEC は第 7 章に記したように，志賀赤痢菌と同じか，非常に似た毒素を産生して出血性大腸炎を起すもので，1982 年にアメリカの 2 つの州のハンバーガーショップで起きた出血性大腸炎集団発生で O157：H7 が発見された。他の血清型でも起こるが，O157：H7 がもっとも多い。この菌は通常の食中毒菌に比べて非常に少ない菌数で感染が成立するので，原因食品中にはわずかな菌数しか存在しないことが多い。しかも潜伏期が長いために症状が現われたときには原因食品が残っていないことが多いので，原因食品を特定しにくい。ウシがこの型の大腸菌を保有していることが多いため，牛肉，特にひき肉が原因食品になることが多いと推定されているが，わずかな菌量で発症するので野菜やジュースなどさまざまな食品が原因になり得る。死者の出る確率が高いことも特徴で，表8-3 でも 2016 年の統計では，患者数は 252 人で，それほど多くはないが，10 人の死者が出ている。

また，人から人への二次感染が起こることから，感染症（当時の伝染病）の概念に相当するので，1996 年に急遽伝染病予防法の指定感染症に

ハンバーガーによる食中毒

ハンバーガーは，挽肉が使われてステーキ塊（板）となっているので，肉の表面に付着した細菌が内部に練りこまれた状態になっている。通常のステーキ肉なら，内部まで細菌が汚染していることはないので，表面を灼くと十分に殺菌することができるが，ハンバーガーの場合は，汚染した細菌が内部に入り込んでいる可能性があるので，十分な加熱が必要である。その上，米国では，ハンバーガーでも，レアで食べることを好む人達がいるので，これが食中毒の要因になった可能性もある。

EHEC

第 7 章に記したように，一般的な食中毒細菌は，発症のためには大量の菌量の消化管内への侵入が必要であるが，EHEC はむしろ感染症菌の範疇に入るものであり，少量の菌量の経口侵入で発症につながるので，わずかに汚染された食品が原因食品となっている。

HUS（Hemolytic Uremic Syndrome）

微小血管溶血性貧血，急性腎不全，血小板減少を示す疾患で，EHEC の場合には，本菌の産生する志賀毒素（ベロ毒素）により腎臓の毛細血管内保細胞が破壊され，さらに溶血，腎不全，尿毒症を起こすものとされている。

LT

LT はコレラ毒素と同様に A および B サブユニットから構成され，A が毒素本体で Adenylate Cyclase を活性化して ATP から cAMP を形成する。この cAMP が cAMP 依存プロテインキナーゼを活性化して，膜の Cl⁻ チャンネルを開き，腸管腔への水分の流出・下痢へと結びつけるとされている。一方，B は，5 つのサブユニットからなり，腸管上皮細胞に結合して，A サブユニットを内部に送り込む役割を持っている。

ST

ST には，ST I，ST II があり，ST I は 18 または 19 個，ST II は 48 個のアミノ酸からなるオリゴペプチドである。いずれも Guanylate Cyclase を活性化させ，cGMP 濃度を上昇させる。そして，cGMP 依存性プロテインキナーゼを活性化させて Cl⁻ チャンネルを開く。

指定され，その後制定された感染症法では 3 類感染症に指定されている。1996 年のような大発生は，その後はないが，毎年数千人の患者が記録されている。症状は下痢，腹痛，発熱が主体であるが，下痢はその名のとおり鮮血性の血便が多く，水様便も見られ，重症例では溶血性尿毒症症候群 HUS を示すこともある。

ETEC はコレラに似た激しい水様性下痢を起すのが特徴で，腸管上皮表面に定着増殖してコレラ菌の産生するコレラ毒素に似たタンパク質性の易熱性毒素（Labile Toxin：LT）とオリゴペプチド性の耐熱性毒素（Stable Toxin：ST）を産生する。コレラの流行している開発途上国でコレラ様症状の患者から分離されることが多いが，先進国では比較的少ない。

EIEC は腸管細胞内に侵入して細胞障害を起して下痢を起すもので，赤痢菌の感染発症機構に類似している。EAggEC は腸管上皮表面で凝集塊を作って下痢を起す。これらはわが国ではあまり分離されることはない。

（5）黄色ブドウ球菌 *Staphylococcus aureus*

黄色ブドウ球菌は，皮膚に生息しており，傷口に侵入すると化膿症を起こす感染症菌である。しかし食中毒は，感染症として起こるのではなく，本菌が食品中で増殖した際に産生された毒素（エンテロトキシン）を摂食した場合に発生する。しかも，その毒素が耐熱性であるという厄介な性状を備えている。すなわち，食品の加熱処理は食中毒の予防法の 1 つであるが，黄色ブドウ球菌の毒素が既に産生されている場合には，原因菌の黄色ブドウ球菌を死滅させることができても，産生されてしまった毒素を失活させることができないので，食中毒となってしまう。2000 年の夏に乳製品による大規模な本菌食中毒事件が発生したが，この場合も毒素が強い熱抵抗性を持つため，乳製品の様々な加工過程でも失活せずに広範囲の製品中に残存したものと思われている。

吐き気，嘔吐が主症状で，潜伏期は非常に短く，1 時間から数時間である。皮膚の常在菌であるため，人が手で触れた食品が長時間放置されて毒素が産生されると食中毒が起こる。特に化膿症を持つ人が食品を扱った場合には危険性が高くなる。

食中毒の他に化膿性炎症や表皮剥奪性皮膚炎，トキシックショック症候群などの原因になる。そして，MRSA，VRSA などの多剤耐性の黄色ブドウ球菌が近年問題視されている。

（6）ボツリヌス菌 *Clostridium botulinum*

ボツリヌス菌は，グラム陽性芽胞桿菌で，周毛性鞭毛をもつ。偏性嫌

気性であるので，酸素が存在すると増殖せず，密閉された無酸素状態で増殖する。また，芽胞を形成するので熱や殺菌剤などに強く，様々な環境で長期間生存し得る。したがって，酸素のない底泥や土壌中に生息するが，食中毒では密閉されて，嫌気的に保たれた容器内の食品や，大きな肉塊の内部で嫌気的に保たれた状態のもの，すなわち缶詰，瓶詰，あるいはハム・ソーセージなどの腸詰製品が原因食になる。

例えば缶詰や瓶詰の加熱が不十分であった場合，多くの細菌は死滅するがボツリヌス菌の芽胞は生き残り，しかも酸素が加熱で追い出された後に密閉されるので，本菌にとっては適した環境になって増殖する。

本菌の毒素はタンパク質毒素で免疫学的にA〜G型に分けられている。このうちA，B，E，F型毒素により人の食中毒が起こっているが，F型によるものはまれである。ボツリヌス毒素は極めて毒性が強く，地球上で最強の毒素といわれている。神経筋接合部のアセチルコリン分泌を抑制させて，筋肉の麻痺を起こす神経毒素であるので，本菌食中毒では他の食中毒に見られるような消化器症状はほとんどなく，めまいや頭痛で始まり，視力の低下，複視，しわがれ声，嚥下困難から全身の麻痺に進む。また，潜伏期が12〜24時間と比較的長い。

食中毒の事例は非常に少ないが，発生した場合には致命率が非常に高い。わが国では，北海道，東北にE型毒素産生菌が定着しており，北海道ではいずしによる食中毒がしばしば見られたが近年はほとんど発生していない（表8-3）。なお，A型およびB型菌はわが国には生息していないとされているが，稀にこれらによる中毒が起こっている。瓶詰などの輸入製品による事例もあるが，からしレンコンの事例のように原因が明確にされていないものもあり，輸入製品などにより持ち込まれた菌が国内に定着している可能性もある。

ボツリヌス食中毒の治療には抗毒素血清が使われるが，各々の型に合った抗毒素を使わなければならないので，どの型の毒素で起こったかを速やかに検査する必要がある。

ボツリヌス食中毒は通常は生体外毒素型であるが，これは本菌が消化管内に侵入しても定着増殖できないので感染が成立しないためである。しかし，生後間もない乳児は侵入菌を排除する機能が弱いため感染が成立する。かつては，乳児ボツリヌス症と呼ばれていたが，現在の感染症法ではボツリヌス症と名称が改められ，4類感染症に指定されている。

ボツリヌス毒素は，極めて強力な神経毒素であるので，ボツリヌス菌およびボツリヌス毒素は感染症法6条21で「二種病原体など」に定められており，取扱いや移動には，非常に厳重な制限が加えられている。一

エンテロトキシン
2000年に雪印乳業の乳製品がブドウ球菌エンテロトキシンAにより汚染され，有症者数14,780人という大規模な食中毒事件が起こった。これは，原乳の殺菌処理の不十分，工程途中で停電があり，ラインの中で処理途中の乳製品が4時間程度，冷却されずに放置されていたという事実があり，十分な殺菌が行われずに，偶々存在した黄色ブドウ球菌が増殖して毒素を産生して食中毒につながったと考えられている。しかし，この場合でも，毒素が，易熱性，あるいは失活しやすいものであれば，その後の作業過程で失活したと思われるが，エンテロトキシンAは非常に強いタンパク質であるので，残存して食中毒につながったものと思われる。

ボツリヌスA型毒素
ボツリヌスA型毒素のマウスへの静脈注射でのLD$_{50}$値は，1 ng以下であり，青酸カリの1億分の1，サリンの10万分の1に相当する。

いずし
いずしは，サカナ，米飯，野菜などを重ねて漬込む「なれずし」，すなわち酢を使わない古来のすしの1種で北海道で作られている。長期間漬け込むので，内部は嫌気的になり，嫌気性のボツリヌス菌には適した環境となる。そして，ボツリヌスE型毒素産生菌は北海道，東北北部に生息しているので，ボツリヌス中毒は，輸入の缶詰，瓶詰などを除くと，ほとんどが北海道のいずしを原因食品とするものであった（少数ではあるが）。しかし，近年はほとんど発生していない。

方では，その高い生理作用，すなわち神経筋接合部の遮断による筋緊張の緩和作用の医療応用が行われており，「ボツリヌス毒素製剤」が拳縮性斜頸や上肢・下肢痙縮などの治療に応用されつつある。

(7) ウエルシュ菌 *Clostridium perfringens*

グラム陽性芽胞桿菌，偏性嫌気性菌であるが，嫌気度はボツリヌス菌に比べると弱く，様々な食品の内部などで増殖する。糖の分解にともなうガス産生が旺盛である。動物の腸管や土壌などに生息し，食中毒原因菌であるとともに，ガス壊疽の原因菌としても重要である。産生する毒素（α，β，ε など）の組合せにより A ～ E に分類されているが，食中毒は A 型菌により起こる。

A 型菌が消化管内で増殖後，芽胞を形成する際に芽胞囊内に産生する毒素（エンテロトキシン）により食中毒が起こる。1・24時間程廣の潜伏期の後，下痢，腹痛が見られるが，多くは比較的軽症である。肉類や魚介類の加熱調理後放置されたものが原因食品になる。すなわち，本菌で汚染された食品が加熱されて放置されると，他の細菌は死滅するが本菌芽胞は生残する。また，本菌の嫌気性要求度はそれほど高くないので，特に密閉された状態でなく，加熱により酸素が追い出された食品の内部の嫌気度で十分増殖は可能である。例えば室温で放置されたシチューなどは格好の材料である。

(8) セレウス菌 *Bacillus cereus*

ボツリヌス菌やウエルシュ菌と同様にグラム陽性の芽胞形成菌であるが，好気性である点が前2者と異なっており，開放系で増殖するので，食品の衛生管理上厄介である。周毛性鞭毛を持つ大型桿菌である。土壌中に生息し，農作物を汚染することがある。

本菌の食中毒には，1～6時間の短い潜伏期の後，嘔吐を主徴として発症する嘔吐型と，それより長い潜伏期の後に下痢を主徴として発症する下痢型の2つ型があり，それぞれに別の毒素が関与していると考えられている。いずれも比較的軽症である。原因食品としては，嘔吐型の場合は焼飯やピラフなどの米飯類，下痢型の場合は肉類や野菜スープなどが多い。本菌が芽胞形成菌であるので，加熱調理時にも生残して食品中で増殖して食中毒を引き起こす。

(9) その他の食中毒細菌

その他の食中毒菌として，ビブリオ属菌および関連細菌がある。ナグビブリオ NAG Vibrio は，コレラ菌と同じく *Vibrio cholerae* に含まれるものであるが，単発性の下痢症は起すが二次感染による流行を起すことがないのでコレラ菌とは区別され，また血清型が異なり，血清型別用の

V. cholerae 抗 O1 血清で凝集しないことから，NAG（Non-agglutinable）Vibrio と呼ばれている。これと極めて類似するのが *V. mimicus* で，かつては *V. cholerae* に含まれていたが，*V. cholerae* がショ糖分解性であるのに対して，これは非分解であるので新しい種として独立した。他にも *V. fluvialis*，*V. furnissii* などがあり，さらに *Aeromonas hydrophila/sobria* などもビブリオ属菌に近い細菌である。これらはいずれも環境水中に生息するので，水産食品による食中毒の原因となる。*Yersinia enterocolitica* は動物の腸管に生息するが，10℃以下の温度，例えば冷蔵庫中でも増殖するので，食品の衛生管理上注意を要する細菌である。

8-1-2 ウイルス性食中毒

ウイルスは自分自身で栄養源を摂取して増殖することはできず，増殖するためには必ず生きた細胞に寄生して，その細胞の代謝系を利用する必要がある。したがって，食品中で増殖できないことが，細菌との大きな違いである。すなわち，細菌性食中毒の予防には，食品を長期に保存しても，細菌に増殖の機会を与えないことが重要であるが，ウイルスの場合には，この概念が通用しないことになり，汚染をさけることが最も重要となる。また，夏期に集中する細菌性食中毒と異なり，食品中で安定して長期間生存できる冬期に発生しやすい。さらに，塩素消毒が効きにくいという厄介な問題もかかえている。

(1) ノロウイルス

地方衛生研究所を主体とした実態調査によってウイルスによる食中毒が多発していることが明らかになり，1997 年にウイルスが食中毒原因物質に指定された。当初は SRSV（小型球形ウイルス）とその他のウイルスとして記載されていたが，ウイルス命名規約の改正を受けてノロウイルスと呼ぶようになった。食中毒統計に登場して以降，常に多数の事例が報告されており，食中毒病因物質別の事件数・患者数・死者数（表 8-3）では，2010 年代には事件数ではカンピロバクターと 1 位を分け合うような形になっているが，患者数ではカンピロバクターの数倍の値を示している。

そして，ノロウイルス食中毒は冬期に頻発する特徴があり，食中毒は気温の高い夏のものであるという概念を崩している。

ノロウイルス食中毒は 1～2 日の潜伏期の後発症し，下痢，吐気，嘔吐，発熱などが主な症状である。

人の糞便とともに排出されたウイルスは，なかなか死滅せず，低温期には河川水や海水中で長期間生存する。また，人に感染するウイルスは

貝類中では増殖しないが，貝類は水をろ過してウイルスを濃縮するので，結果的に貝類のなかでウイルスが増えることになる。したがって，生鮮魚介類や飲料水などを介して感染するが，多くはカキによるものである。

さらに，ノロウイルスは非常にわずかな量の感染で食中毒が起こるので，給食のパンが原因とみられる事例が発生するなど，食品取扱者が水産物から水産物以外のものを汚染して食中毒を起すことがあり得る。

多くのウイルスは，培養細胞を用いて増殖させることができるが，ノロウイルスは，その目的に適合する培養細胞が見いだされていない。したがって，臨床検査は PCR 法による遺伝子検査や電子顕微鏡検査に頼らざるを得ない状態であり，基礎研究も類似のウイルスであるネコカリシウイルスを使った実験データで推測を行っている。

(2) その他のウイルス

下痢を起こすその他のウイルスとしては，ロタウイルスがよく知られている。低年齢で重症になりやすく，開発途上国での乳幼児死亡の原因として重要である。例えば，インドでは最も主要な下痢症病原体の1つであり，東南アジア各国でも頻繁に分離されている。

わが国でも冬期の乳幼児の下痢症の原因となっており，冬期の後半に患者の発生が見られるが，食中毒の原因として検出されることは稀である。

8-1-3　寄生虫性食中毒

2012 年の食品衛生試験法施行規則の改正によって，様式十四の食中毒票の病因物質中に寄生虫の項が設けられ，従来の細菌，ウイルスの他に，クドア，サルコシスティス，アニサキスなどが加わった。アニサキスはサバ，イカなどの生食によるアニサキス腸炎，胃炎として従来から知られていたが，クドアは最近になって注目されるようになったものである。

(1) アニサキス

第 7 章に記したように，クジラやイルカを最終宿主としているが，30 mm 程度の第 3 期幼虫がサバ，イカ，スケソウダラ，サクラマス，カツオなどの海産魚を中間宿主としているので，これらを生食して激しい腹痛を起こす胃アニサキス症や腸アニサキス症をおこすことがある。したがって，海産魚は生食（さしみ）でも安全であるという一般的な概念が，この寄生虫に関しては当てはまらない。

2013 年に食中毒統計に登場して以来，毎年 100 件前後が報告されてお

り，ほとんどの例が1件で1名の患者の例である。

(2) サルコシスティス

Sarcocystis には多くの種があり，*S. cruzi* はウシが中間宿主で，イヌが最終宿主，*S. ovicanis* はヒツジが中間宿主，イヌが最終宿主などと様々である。中には，*S. hominis*, *S. suihominis* のように，それぞれウシ，ブタを中間宿主として人を最終宿主とするものがある。

　しかし，食中毒病因物質に指定されているのは，このような人を最終宿主とする種ではなく，ウマを中間宿主，イヌを最終宿主とするサルコシスティス・フェアリー *Sarcocystis faeri* である。ウマ，イヌが宿主なので，人には無関係のように思えるが，ウマの肉，すなわち馬肉の生食の際に，まれにこれが寄生しているものがあり，下痢，嘔気，おう吐，腹痛などの症状を示すことがあるので，食中毒の対象に指定された。

　今のところ，2013年の1件6名以外には食中毒事例は報告されていない。

8-1-4　微生物性食中毒の予防と HACCP

　微生物性食中毒の予防は，食中毒の原因となる微生物が食品中に存在しないことが原則であり，病原体をつけない（すなわち汚染をさける），増殖させない（長時間の保存を避ける，あるいは低温・冷凍保存，保存剤など），殺菌（加熱調理）などが必要である。ウイルスの場合は，食品中での増殖はないので，低温保存の意味が薄れるが，同じ食品を汚染している細菌の増殖を抑えるために低温保存は必要となる。このような管理点は消費者自身が注意できる事項であり，食品提供者の側での原則となっている。

コラム　HACCP 導入手順

　HACCP を導入するには，以下の12の手順と7つの原則を踏むことになっている。

手順（1）HACCP チームの編成

手順（2）製品の説明・記述（安定性，賞味期限，包装，流通形態などの確認）

手順（3）製品の使用方法の確認（加熱後食べるか，そのまま食べるなど）

手順（4）製造工程一覧図（フローチャート）の作成

手順（5）製造工程一覧図の現場での確認

手順（6）危害要因の分析（原則1）

手順（7）必須管理点（CCP：Critical Control Point）の設定（原則2）

手順 (8) 許容限界（クリティカルリミット：CL）の確立（原則3）
手順 (9) CCPの測定（モニタリング）方法の確立（原則4）
手順 (10) 許容限界から逸脱のあった場合の是正措置の確立（原則5）
原則 (11) 検証方法の手段の確立（原則6）
手順 (12) 記録をつけ，文書化を行い，それを保管するシステムの確立
　　　　　（原則7）

　食品生産者，流通業者などの食品提供者は食品の衛生管理上，病原体の存在の有無を確認する必要があるが，病原体自身を培養，あるいは遺伝学的手法などで検出する手法を用いていると長時間が必要になってくる。そこで，食品製造の工程における危害を分析して管理するシステムとして HACCP が使われている。

　HACCP とは，Hazard Analysis and Critical Control Points の頭文字で，1960 年代に始まった米国の宇宙開発計画（アポロ計画）において，高い安全性の精度が求められる宇宙飛行士の食品の微生物学的制御のために開発されたシステムであり，Pillusbury 社が最終製品試験に頼らずに安全性を確保することを目的として考案したもので，1971 年に公表された。危害発生の可能性の分析（Hazard Analysis：HA）と危害の排除・低減のための重要管理点（Critical Control Points：CCP）の設定が基本になっている。その後，各方面でその有効性が評価され，種々の検討が加えられた。1993 年には，国際的整合性のあるものとして，Food and Agriculture Organization/World Health Organization（FAO/WHO）から CODEX Alimentarius Commission（合同食品企画委員会）の報告書が提出されている。

　食品の微生物管理としては，上述のように我々がそれを口に入れる時点で病原体が存在しないことが必要で，最終製品の抜き取り検査に頼らざるを得ず，また，培養などのために結果を得るのに数日を要することが多い。これに対して，HACCP システムでは，あらかじめ微生物混入などの危害の可能性を予測しておき，それを防ぐための適切な手段が講じられておれば，危害の発生はないという観点で行われるものである。したがって，日常の衛生管理は決められたマニュアルにしたがってチェックを行うもので，いちいち時間のかかる微生物検査を行う必要はなく，また特殊な技術も要しない。しかし，それだけに適切な危害分析に基づいた精度の高い HACCP プランが構築されていなければならない。

　欧米では HACCP システムが法的規制のある形で導入されてきており，わが国でも総合衛生管理製造過程の制度などが設けられている。こ

れは営業者が HACCP の考え方に基づいて自ら設定した食品の製造または加工の方法およびその衛生管理方法について，厚生労働大臣が承認基準に適合することを確認するものである。このようにわが国では，運用は企業に任せられて，その承認を厚生労働省が行う形となっており，牛乳，乳製品，清涼飲料水，食肉製品，魚肉練製品，レトルト食品についてこの制度が提供されている。

　いずれも食の安全に係る企業であり，食中毒の予防に重要な役割を果たすと期待されるが，承認を受けた企業であっても，それが定められたシステムの通り，適切に運用されなければ，意味をなさない。

8-2　自然毒食中毒

　人類は食物を確保するために，有毒植物に対する認識については，人類の歴史のかなり早い時期から行われていたと思われる。しかし，毒性の本体を有毒化合物として捉えることができたのは，19 世紀に有機化学が飛躍的な進歩を遂げた後のことになる。

　現在では多くの有毒化合物が単離され，その化学構造の解明や作用発現機構に関する研究も進展し，医薬品の開発にも応用されるようになってきている。さらに有毒植物を識別する知識が集積され，自然毒による中毒被害の件数は減少傾向にある。植物の毒化は，極限られたある時期やある部分に限って進行するところがあり，日常摂取している食料においても中毒の例があり，有毒植物の誤認，誤食や農作物への類似有毒植物の混入などの中毒例もある。

　海洋生物やキノコによる中毒件数は，有毒植物のそれよりは多い。海洋生物の有毒成分には，フグ毒のテトロドトキシンをはじめとする致死率の高い有毒化合物を含むものが多く，有毒成分のほとんどは渦鞭毛藻類が生産し，海洋生物に蓄積される。キノコ中毒は，消化器系や神経系の障害を起こすものがあるが，一般にフグ中毒に比べると致死率は低い。

　これらの有毒成分は，いずれも自然毒による人への中毒が社会問題となって，有毒成分の化学構造，作用発現の解明，さらに中毒を未然に防ぐための有毒成分の微量検出方法の開発が進み，中毒の予防，治療方法の確立へと対策が科学的に展開され続けている。

8-2-1　海洋生物の毒による食中毒
動物性自然毒の中でも，ヘビやハチなどの有毒動物においては，咬ま

れたり刺されたりする被害は多いが，食中毒が引き起こされることはまずない。食中毒に関与する動物性自然毒のほとんどは，魚介類などの海洋生物由来であると考えられる。生物相が多彩で有毒生物も数千種を超えると考えられている海洋生物による食中毒の中でも最も身近なものはフグ中毒である。クラゲやタコのような刺毒や咬毒をもつものや，赤潮などを形成する生物にも毒をもつものがあり，間接的に我々の生活に被害を与えるものもある。

(1) フグ毒中毒

フグによる食中毒は，各都道府県条例で厳しく規制されているにもかかわらず，毎年20〜30件発生し，過去には毎年10名以上死亡していたが最近は減少傾向にある。食中毒の原因として，主に釣り人や素人による家庭料理が挙げられる。日本近海には30種程のフグが生息しているが，そのうち10数種が食用とされるが，全てのフグが毒性を示すわけではなく，サバフグやヨリトフグなど無毒のフグも存在する（表8-4）。また，フグの毒性は部位や季節によっても異なり，卵巣や肝臓の毒性が最も高く，抱卵期の12月〜6月に毒性が強くなる。フグで中毒になると，食後20分から6時間で発症するが，症状として，まず唇，舌先のしびれから始まり，腹痛や頭痛などを伴い，やがてしびれが麻痺に変わり，四肢に及んで運動不能になり，呼吸困難，知覚麻痺や血圧降下を起こし，ついには呼吸が停止して死に至る。

表 8-4　日本産フグの部位と毒性の強さ

科　名	種　類	卵巣	精巣	肝臓	皮	腸	肉	血液
マ　フ　グ	ク サ フ グ	◎	△	◎	○	◎	△	
	コ モ ン フ グ	◎	○	◎	○	○	△	
	ヒ ガ ン フ グ	◎	△	◎	○	○	×	×
	ショウサイフグ	◎	×	◎	○	△		
	マ　　フ　　グ	◎	×	◎	○	○	×	
	メ　　フ　　グ	◎	×	○	○	○	×	
	ア カ メ フ グ	○	×	○	○	△	×	×
	ト　ラ　フ　グ	○	×	○	×	△	×	
	シ　マ　フ　グ	○	×	○	○	△	×	
	ゴ　マ　フ　グ	○	×	○	△	×	×	
	カ　ナ　フ　グ	×	×	○	×	×	×	
	サ　バ　フ　グ	×	×	×	×	×	×	×
	ヨ リ ト フ グ	×	×	×	×	×	×	
	キ タ マ ク ラ	×	×	△	○	△	×	
ハリセンボン	ハ リ セ ン ボ ン	×		×	×	×	×	
	イ シ ガ キ フ グ	×		×	×	×	×	
ハ　コ　フ　グ	ハ　コ　フ　グ	×	×	×	×	×	×	
	ウ ミ ス ズ メ	×	×	×	×	×	×	
	イ ト マ キ フ グ	×	×	×	×	×	×	

◎：猛毒 10 g 以下で致死的（1000 MU/g 以上）
○：強毒 10 g 以下では致死的ではない（100 ～ 1000 MU/g）
△：弱毒 100 g 以下では致死的ではない（10 ～ 100 MU/g）
×：無毒 1000 g 以下では致死的ではない（10 MU/g 未満）
なお，1 MU とは体重 20 g の ddY 系雄性マウスに腹腔内投与後 30 分以内で死亡させる毒量
（野口玉雄，橋本周久，食品衛生学雑誌，Vol. 25，No. 6，481-487，1984）

　フグ毒は，1909 年にテトロドトキシンと命名され，1964 年にその化学構造が解明された後，1972 年に全合成された。テトロドトキシンは，グアニジノ基およびヘミラクタール環をもつ特徴的な籠型構造を有する両性化合物である（図 8-2）。テトロドトキシンの人への致死量は約 1 ～ 2 mg とされているが，これはマウス 1 万匹の致死量に相当する。その毒性発現作用は，Na^+イオンの膜透過性を特異的に阻害し，活動電位の発生を抑制することにより興奮の伝達が阻止され，神経や筋における興奮伝達が阻害される。

　テトロドトキシンは，フグ以外にもカリフォルニアイモリの卵巣から得られたことが報告されてから，ヒョウモンダコ，ヤセドクガエル，ボウシュウボラ，バイ，スベスベマンジュウガニやトゲモミジガイなどの他，分類上無縁の生物種に広く分布することがわかった。フグは，他のテトロドトキシン含有種に比べて，テトロドトキシンに対しては耐性を持っており，毒性の発現には個体差や地域差も大きく，無毒の養殖フグの飼育槽に有毒の天然フグを入れると有毒化する。さらに海藻のヒメモサズキにも含まれ，それを摂取するナンヨウブダイなどの肝臓にもテト

ロドトキシンが蓄積していることがわかり，後に海藻に付着する *Shewanella alga* や *Listonella pelagia*（*Vibrio pelagius*）biovar II および *Alteromonas tetraodonis* がテトロドトキシン生産菌として特定され，テトロドトキシンを含有する生物の多様性は，細菌が起源であることが裏付けられた。

近年，テトロドトキシン関連化合物が数種存在することも明らかにされ，またテトロドトキシンはフグにとって，化学防御物質として働いているだけでなく，フグ同士の誘引物質としての役割も見出されている。

(2) シガテラ中毒

シガテラは，熱帯・亜熱帯のサンゴ礁海域に生息する食用魚によって起こる食中毒の総称で，その名称はカリブ海産の小型巻貝の Cigua に由来し，元来その貝による中毒を指していたが，後にシガテラは魚による中毒全般を指すようになった。シガテラ中毒はコロンブスの時代から知られていたが，1967 年に中毒の原因物質がシガトキシン Ciguatoxin と命名され，1989 年にその化学構造が解明された。なお，赤痢菌が産生する志賀毒素のシガトキシン Shiga Toxin とは異なる化合物である。

シガテラによる中毒患者数は年間 2 ～ 6 万人と推定されており，自然毒による食中毒としては最大規模である。中毒症状としては，冷たいものに触れたりすると電気ショックを受けたような痛みを感じるなどのドライアイスセンセーションと呼ばれる知覚異常が特徴的である。消化器系では下痢，嘔吐など，神経系では掻痒，倦怠感など，循環器系では血圧や脈拍の低下など様々な症状が現れる。回復には数か月かかることもあるが，致死率は 0.01% 以下と非常に低い。

シガテラ毒は，シガテラ毒様の有毒成分を産生する渦鞭毛藻の *Gambierdiscus toxicus* が付着した海藻から藻食魚を経て肉食魚へ毒成分が移行し，その食物連鎖の過程でシガトキシンが生成されることが明らかにされている。シガトキシンは，末梢と中枢の両方の神経節に作用し，神経や筋細胞の Na^+ イオンの透過性を増大させ，毒性を発現する。その他，シガテラ中毒の原因としてマイトトキシンが知られているが，シガトキシンと同様に *G. toxicus* 由来の食物連鎖により産生される。マイトトキシンは，これまでに知られている二次代謝産物の中では巨大な分子（Na 塩として分子量 3422）である（図 8-2）。その毒性はタンパク質毒素を除けば最強であり，マウスへの腹腔内投与での LD_{50} 値は 50 ng/kg を示し，Ca^{2+} イオンの細胞内への透過性を増大させる。

その他の海洋生物由来の有毒成分として，イソギンチャク由来のパリトキシンはマイトトキシンに次ぐ猛毒成分で，発がんプロモーターとし

ての作用や冠状動脈収縮作用などを有する。

(3) 麻痺性貝毒中毒

　麻痺性貝毒をもつ貝類は熱帯海域から温帯海域まで広く分布するため，麻痺性貝毒による食中毒はアジア，ヨーロッパをはじめとする世界中で発生している。日本でも北海道から沖縄までの各地で中毒が発生したことがある。麻痺性貝毒中毒は二枚貝類の毒化が原因であるが，渦鞭毛藻の *Alexandrium* 属，*Gymnodinium* 属，*Pyrodinium* 属や淡水産藍藻の *Anabaena* 属，*Aphanizomenon* 属，*Cylindrospermopsis* 属，*Lyngbya* 属の藻類によって有毒成分が産生され，貝類の中腸線に蓄積する。麻痺性貝毒をもつ藻類が発生する水域では，これらの藻類を餌とする生物はすべて毒化する危険性がある。日本ではアサリ，アカザラガイ，カキ，ホタテガイ，ムラサキイガイなど二枚貝類の他，マボヤとウモレオウギガニでも食中毒が発生したことがある。中毒の発症例はないが，甲殻類クリガニ科のトゲクリガニやオウギガニ科のスベスベマンジュウガニ，ツブヒラアシオウギガニからも麻痺性貝毒が検出されている。中毒症状はフグ毒中毒とよく似た症状で，食後30分程度で軽度の麻痺がはじまり，次第に全身に麻痺が広がり，重症の場合には呼吸麻痺により死亡することがある。麻痺性貝毒の毒成分にはサキシトキシン（図8-2），ネオサキシトキシンおよびゴニオトキシン類などが知られており，筋肉や神経の電位依存性ナトリウムチャネルに結合して，Na^+イオンの流入を特異的に阻止する。毒成分によって毒性が著しく異なる。麻痺性貝中毒に対する有効な治療法や解毒剤は今のところないが，人工呼吸により呼吸を確保し，適切な処置が施されれば確実に延命できるとされている。

(4) 下痢性貝毒中毒

　下痢性貝毒中毒は二枚貝の喫食を原因とし，その毒は1978年に日本で最初に発見された。自然毒では珍しく下痢性貝毒は集団食中毒を起こすことがあり，ヨーロッパ大西洋沿岸で大規模な食中毒が発生したことがある。日本で毒化が報告されている二枚貝類は，アカザラガイ，アサリ，イガイ，イタヤガイ，コタマガイ，チョウセンハマグリ，ホタテガイ，マガキ，ムラサキイガイなどであるが，中でもムラサキイガイは毒化例が多く毒性も高い。渦鞭毛藻の *Dinophysis* 属や *Prorocentrum* 属などによって産生された有毒成分が中腸腺に蓄積されることが，下痢性貝毒による中毒の原因となる。おもな症状は消化器系の障害で，下痢，吐気，嘔吐，腹痛で，症状は食後30分から4時間以内の短時間で起こるが，通常3日以内に回復する。後遺症はほとんどなく，死亡例もない。

有毒成分として，オカダ酸とその同族体のジノフィシストキシン類が知られている（図8-2）。日本では麻痺性貝毒および下痢性貝毒による食中毒防止のため，定期的に有毒プランクトンの出現を監視して，重要貝類の毒性値を測定し，規制値を超えたものは出荷規制されているので，市販の貝類による食中毒は発生していない。

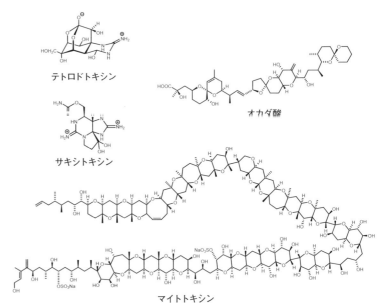

テトロドトキシン

オカダ酸

サキシトキシン

マイトトキシン

図8-2　代表的な海洋生物の有毒成分の構造

8-2-2　キノコおよび植物による中毒

食中毒に関与する有毒植物は，キノコと高等植物に大別される。キノコは生物学的には植物ではなく菌類であるが，多くの消費者はキノコを植物の仲間であると思っているため，混乱を避けるために食中毒統計ではキノコは植物として扱われている。

(1)　毒キノコ中毒

日本は食用のキノコが豊富であるが，毎年のようにキノコによる食中毒が発生している。毒キノコやその性質を見分けることができれば，未然に食中毒を防ぐことはできるが，実際は毒キノコを食用キノコと誤って食べて中毒になる場合が圧倒的に多い。キノコ中毒の発生原因となる主なキノコは，ツキヨタケ，クサウラベニタケ，テングタケ，ドクササコなどで，いずれも食用キノコと見分けが困難なキノコである。毒キノコによる中毒症状は，食後30分〜1時間後に悪心，嘔吐，下痢などの症状を呈する胃腸症状型，6時間以上の潜伏期間を経て，腹痛，下痢，急

性肝炎，腎炎など臓器不全に陥るコレラ様症状型，いわゆるマジックマッシュルームと呼ばれるキノコの幻覚症状を示す神経系症状型のものに大別される。

　ツキヨタケとクサウラベニタケは，胃腸症状型の中毒を示し，食後30分〜1時間程で嘔吐，下痢，腹痛などの消化器系の中毒症状が現れる。幻覚痙攣を伴う場合もあるが，翌日から10日程度で回復する。クサウラベニタケでは発汗などムスカリン中毒の症状も現れる。毒性成分として，ツキヨタケではイルジンS（図8-3），イルジンM，ネオイルジンなど，クサウラベニタケでは溶血性タンパク質，コリン，ムスカリン，ムスカリジンなどが知られている。

　ドクツルタケはコレラ様症状型の中毒を示し，食後6〜24時間後に嘔吐，下痢，腹痛などのコレラ様の症状が現れるが，大抵1日で収まる。しかし，その後24〜72時間で内臓の細胞が徐々に破壊され，胃腸の出血，肝臓肥大，黄疸などの消化器系および肝臓機能障害の他，腎臓機能障害の症状が現れ，死亡する場合がある。中毒症状が出た場合，催吐，胃洗浄，活性炭投与など適切な処置が必要である。有毒成分として，アマニチン（図8-3）やファロイジンなどの環状ペプチドが知られている。アマニチン類の中でも，α-アマニチンのLD$_{50}$値は人では約0.1mg/kgであり，ドクツルタケ，タマゴテングタケ，シロタマゴテングタケおよびその近縁種には，成熟した1本のキノコ中に10〜12mgのα-アマニチンが含まれているので，1本で死に至る危険性がある。

　テングタケは，食後30分程で嘔吐，下痢，腹痛など胃腸消化器の中毒症状が現れる。その他に，縮瞳，発汗，めまい，痙攣などの神経系の中毒症状が起こり，呼吸困難に陥る場合もあり，1日程度で回復するが，昔は死亡例もあった。イボテン酸（図8-3），ムシモールなどの有毒成分が知られているが，イボテン酸は殺ハエ活性を有することや旨味成分としても知られている。

　シビレタケの食中毒では中枢神経系の幻覚症状が現れる。シロシン（図8-3）など催幻覚成分を含み，このキノコはマジックマッシュルームの1種で，「麻薬および向精神薬取締法」で麻薬原料植物および麻薬として規制されている。使用することも所持することも違法である。

　カエンタケは地面から炎が出ているような独特のオレンジ色を帯びた赤色の形態で，その中毒は食後30分程で胃腸系から神経系の症状が現れる。その後，各臓器不全，脳障害など全身に症状が現れて死に至る。有毒成分はトリコテセン類で，皮膚刺激性が強く，キノコには触れないほうが良い。

ヒトヨタケは単独では食中毒を示さないが，アルコール飲料と一緒に食べると，顔面紅潮，悪心，嘔吐など二日酔いに似た症状が現れる。この成分はコプリンで，消化管で代謝分解され，1-アミノシクロプロパノールとなって吸収され，アセトアルデヒド脱水素酵素を阻害し，アセトアルデヒドが体内に蓄積して悪酔い症状様の中毒作用を示す。

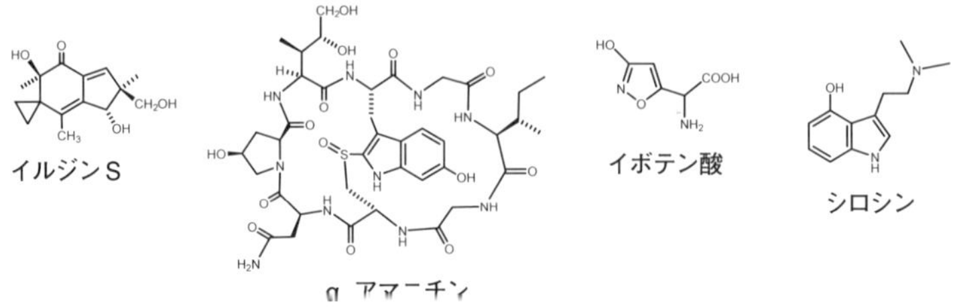

イルジンS　　　αアマニチン　　　イボテン酸　　　シロシン

図8-3　代表的なキノコの毒成分の構造

(2) 植物による食中毒

　植物による直接的な中毒被害の原因としては，有毒植物の誤認による誤食や農作物などへの類似有毒植物の混入が考えられる。例えば，芽生え時期のニリンソウとトリカブト，根ワサビとドクゼリなどの誤認や，農作物へのヒガンバナやバッカク菌の混入などが挙げられる。また，ジャガイモの表皮や芽に含まれるソラニン，ワラビの発がん性成分のプタキロサイドなどの栄養障害や発がんなどの慢性障害の原因となる有毒植物もある。

　トリカブトはドクゼリ，ドクウツギと並んで3大有毒植物の1つであり，ヨーロッパからアジアにかけて広く分布し，日本でもヤマトリカブトやオクトリカブトなどが自生している。トリカブトの塊根が猛毒であることは，古くから知られており，海外では矢毒として応用する文化もあった。一方，トリカブトの子根を乾燥した生薬を附子と呼び，強心，利尿，鎮痛などに効果があり漢方で使用されている。トリカブトは，食用であるニリンソウやモミジガサと誤認する場合がある。有毒成分はアルカロイドのアコニチン（図8-4）などで，トリカブトを誤食すると，口唇部のしびれからはじまり，嘔吐，腹痛，下痢，不整脈，血圧低下などをおこし，痙攣，呼吸不全などの症状が現れ，死に至ることがある。アコニチンの致死量は$2 \sim 6 \, mg$で，神経細胞のナトリウムチャネルに結合し，大量のNa^+イオンを細胞内に流入させる。この作用はフグ毒の作用と逆である。

　有毒植物を食用植物と誤食する例も，毎年のように発生している。スイセンの葉は，ニラと似ているために誤食されることがあるが，スイセ

ンには有毒成分のリコリン（図8-4）が含まれ，食後30分以内で嘔吐，下痢，発汗，頭痛，昏睡などの症状が現れる。バイケイソウは，花が咲く前の葉が食用のギボウシと似ているために誤認される。有毒成分は変形ステロイド系アルカロイド類で，催奇形性がある。ドクゼリの地下茎は，根ワサビと誤認され，日本で数十人の中毒患者を出した例がある。有毒成分はシクトキシン（図8-4）で，頻脈，嘔吐，呼吸困難を示す。ヤマゴボウ科のヤマゴボウやヨウシュヤマゴボウを食用であるキク科のヤマゴボウと間違って食べて中毒を起こした例もあり，有毒成分はフィトラッカトキシンやヒスタミンで，下痢，痙攣，嘔吐などの症状が現れる。名前が同じヤマゴボウなので混同しやすい。また，ジャガイモの芽や日光に当たって緑化した部分には，有毒成分のソラニン（図8-4）が含まれ，下痢，嘔吐，腹痛，ひどい場合は呼吸困難などの症状が現れる。

　ワラビには発がん性物質のプタキロサイド（図8-4）が含まれるが，ワラビは一般にあく抜きをしてから食べる習慣がある。水溶性の発がん性物質は湯に溶出されるために，あく抜きをすることで大部分のプタキロサイドは失われる。ワラビのあく抜き操作は，ワラビに含まれる発がん物質を効果的に除去しており，日本人古来の食生活の知恵ともいえる。

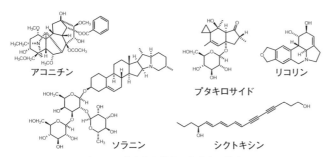

図8-4　代表的な植物の毒成分の構造

コラム　クロイソカイメン由来の毒と薬

　クロイソカイメン *Halichondria okadai* は日本中の海岸の波打ち際でよく見られ，海綿独特の触感があるが，内部に含まれる体液に触れると皮膚がかぶれることがある。そのクロイソカイメンから，1981年にオカダ酸 Okadaic Acid が単離，構造決定された。クロイソカイメンの学名の "okadai" は，動物学者の岡田弥一郎氏に献名されたもので，それに因んでオカダ酸と命名された。その後，本稿でも述べたが，下痢性貝毒の主成分としてオカダ酸が渦鞭毛藻類から特定された。オカダ酸は，non-TPA

（12-*O*-Tetradecanoylphorbol 13-Acetate）タイプの強力な発がんプロモーターであることが明らかにされ，生化学・薬理学の研究における重要なプローブとして用いられている。さらにクロイソカイメンからは，抗腫瘍活性を有する8種のハリコンドリン類が発見，構造決定された。最も強い活性を示したのがハリコンドリンBで，実際にがん発症マウスの寿命を2倍以上に伸ばす結果が得られた。ハリコンドリンBはクロイソカイメン600 kgからたったの10 mgしか単離できないので，臨床応用に向けて大きな壁となった。しかし，日本の企業が中心となって化学合成により作り出すことに成功したが，その合成過程で得られる化合物（エンブリン）がハリコンドリンBに匹敵する活性を有することがわかり，結果的に活性を示す部分構造，すなわちファーマコアを医薬品として開発することになった。その結果，日本で開発された抗がん薬ハラヴェン®として2010年にアメリカ，ヨーロッパで，日本では2011年に承認されることになった。生物は厳しい自然界で生き残るための知恵として強い生理活性を示す化合物を体内で合成し，保持しているが，その生物の知恵が時として我々の命を奪い，時として我々の命を救うこともある。人類側の都合で単に毒や薬と称しているが，生物には何の責任もない。我々にとって，人類は生物と同じ自然界の一員であることを生物の知恵から再認識させられる。

ハリコンドリンB

エンブリンメシル酸塩

9 廃棄物処理

9-1 廃棄物の種類

廃棄物は，原子力発電所とその関連施設，および研究機関や医療機関の RI 使用施設などから発生する放射性廃棄物，一般家庭あるいは事業所から発生する通常の廃棄物に大別される。放射性廃棄物のうち，RI 使用施設などから発生した廃棄物は，アイソトープ協会が集荷して保管している。

通常の廃棄物の処理については「廃棄物の処理および清掃に関する法律（廃棄物処理法）」に基づいて行われている。近年の生活様式や産業構造の変化は，廃棄物を量的に増大させるとともに質的に多様化させた。一方では生活の質的向上が，廃棄物処理に対する国民の関心を大いに高めた。このような状況の変化を踏まえ，1991 年には廃棄物の減量化と再生の推進，廃棄物の適正処理の確保，廃棄物処理施設の整備を 3 本柱として廃棄物処理法が改正された。そして，廃棄物の発生から最終処分にいたる流れを適正に管理する安全な処理システムの確立，快適な環境の確保に向けた計画的かつ総合的な施策が積極的に展開されることとなった。

廃棄物処理法によれば，廃棄物とは自ら利用したり他人に有償で譲り渡したりすることができないため，不要になったものであって，ごみ，粗大ごみ，燃えがら，汚泥，し尿などの汚物または不要物であって，固形状または液体のもの（放射性物質およびこれによって汚染された物を除く）と定められている。そして，一般廃棄物と産業廃棄物とに分けられている（図 9-1）。なお廃棄物の第一次的な処理責任は，一般廃棄物に関しては市区町村が，産業廃棄物に関しては事業者が負うことになっている。

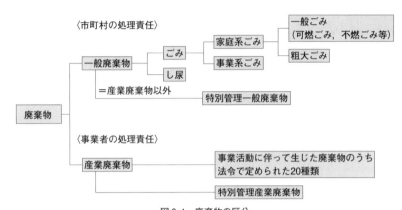

図 9-1　廃棄物の区分
(環境省，「環境・循環型社会・生物多様性白書　令和5年版」)

9-1-1　一般廃棄物

　一般廃棄物はごみ（家庭系ごみ，事業系ごみ），し尿，および特別管理一般廃棄物に分類される（図 9-1）。これらのうち，家庭系ごみには，家庭から排出される一般ごみ（可燃ごみ，不燃ごみなど）および粗大ごみが該当し，事業系ごみには，オフィスから排出される紙ごみ，飲食店から排出される生ごみなどが含まれる。特別管理一般廃棄物（表 9-1）は爆発性，毒性，感染性およびその他の人の健康または生活環境にかかわる被害を生じるおそれのある性状を有する一般廃棄物であり，他のものと混合されることがないように区別して収集され運搬される。特別管理一般廃棄物については埋立処分や海洋投棄が禁じられているが，無害化処理を行えば普通の一般廃棄物として処理できる。

9-1-2　産業廃棄物

　産業廃棄物は，事業活動に伴って発生する廃棄物のうち，廃棄物処理法において定められたものであり，処理施設の基準や処理方法が詳細に決められている。また爆発性，毒性，感染性その他の人の健康または生活環境に係る被害を生じるおそれがあるものは，特別管理産業廃棄物として取扱われる（表 9-1）。

産業廃棄物

　産業廃棄物には，燃えがら，汚泥，廃油，廃酸，廃アルカリ，廃プラスチック類，紙くず，木くず，繊維くず，動植物性残さ，動物系固形不要物，ゴムくず，金属くず，ガラスくず・コンクリートくず・陶磁器くず，鉱さい，がれき類，動物のふん尿，動物の死体，ばいじん，輸入された廃棄物，およびそれらを処分するために処理したものが該当する。

特別管理産業廃棄物

　特別管理産業廃棄物には，廃油，廃酸（pH 2.0 以下），廃アルカリ（pH 12.5 以上），感染性産業廃棄物（血液等が付着した注射針や医療器具など），特定有害産業廃棄物（PCB を含む産業廃棄物，PCB 汚染物，廃アスベスト，水銀やカドミウム等の有害物を含む産業廃棄物など）が該当する。

表 9-1　特別管理廃棄物の分類と概要

区分	主な分類		概　　要
特別管理一般廃棄物	PCB 使用部品		廃エアコン・廃テレビ・廃電子レンジに含まれる PCB を使用する部品
	排水銀		水銀使用製品が一般廃棄物となったものから回収したもの
	ばいじん		ごみ処理施設のうち，焼却施設において発生したもの
	ばいじん，燃え殻，汚泥		ダイオキシン特措法の特定施設である一般廃棄物焼却炉から生じたものでダイオキシン類を含むもの
	感染性一般廃棄物		医療機関等から排出される一般廃棄物で，感染性病原体が含まれもしくは付着しているおそれのあるもの
特別管理産業廃棄物		廃油	揮発油類，灯油類，軽油類（難燃性のタールピッチ類等を除く）
		廃酸	著しい腐食性を有する pH 2.0 以下の廃酸
		廃アルカリ	著しい腐食性を有する pH 12.5 以上の廃アルカリ
		感染性産業廃棄物	医療機関等から排出される産業廃棄物で，感染性病原体が含まれもしくは付着しているおそれのあるもの
	特別有害産業廃棄物	廃 PCB など	廃 PCB および PCB を含む廃油
		PCB 汚染物	PCB が染みこんだ汚泥，PCB が塗布されもしくは染みこんだ紙くず，PCB が染みこんだ木くずもしくは繊維くず，PCB が付着・封入されたプラスチック類もしくは金属くず，PCB が付着した陶磁器くずもしくはがれき類
		PCB 処理物	廃 PCB などまたは PCB 汚染物を処分するために処理したもので PCB を含むもの
		排水銀など	水銀使用製品の製造の用に供する施設などにおいて生じた廃水銀または廃水銀化合物，水銀もしくはその化合物が含まれている産業廃棄物または水銀使用製品が産業廃棄物となったものから回収した廃水銀
		指定下水汚泥	下水道法施行令第 13 条の 4 の規定により指定された汚泥
		鉱さい	重金属などを一定濃度以上含むもの
		廃石綿など	石綿建材除去事業に係るものまたは大気汚染防止法の特定粉塵（じん）発生施設が設置されている事業場から生じたもので飛散するおそれのあるもの
		燃え殻	重金属など，ダイオキシンなどを一定濃度以上含むもの
		ばいじん	重金属など，1,4-ジオキサン，ダイオキシン類を一定濃度以上含むもの
		廃油	有機塩素化合物など，1,4-ジオキサンを含むもの
		汚泥，廃酸，廃アルカリ	重金属など，PCB，有機塩素化合物，農薬など，1,4-ジオキサン，ダイオキシン類を一定濃度以上含むもの

資料：「廃棄物の処理および清掃に関する法律」より環境省作成
（環境省，「環境・循環型社会・生物多様性白書　令和 5 年版」）

9-2　一般廃棄物の処理

9-2-1　ごみ処理

　ごみの排出量は，しばらくの間は横ばい傾向が続いていたが，ここ数年間は漸次減少している。2021 年度は，年間総排出量 4,095 万 t，1 人 1 日当たり排出量 890 g となり，2020 年度より 72 万 t 減少した（図 9-2）。ごみは，可能な限り資源化・再利用を図った後，残りについて焼却・埋

立てなどの衛生的な処理を行う。一部のごみは集団回収されるが，大半のごみは市区町村による計画収集あるいは事業者などによる直接搬入によって収集される。2021年度は集団回収分が159万t，計画処理分が3,936万tとなっている（図9-3）。

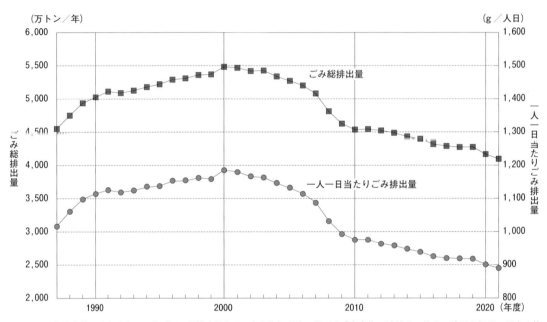

注1：2005年度実績の取りまとめより「ごみ総排出量」は，廃棄物処理法に基づく「廃棄物の減量その他その適正な処理に関する施策の総合的かつ計画的な推進を図るための基本的な方針」における，「一般廃棄物の排出量（計画収集量＋直接搬入量＋資源ごみの集団回収量）」と同様とした。
　　2：一人一日当たりごみ排出量は総排出量を総人口×365日又は366日でそれぞれ除した値である。
　　3：2012年度以降の総人口には，外国人人口を含んでいる。
資料：環境省

図9-2　わが国のごみ排出量の推移
（環境省，「環境・循環型社会・生物多様性白書　令和5年版」）

　集団回収されたごみは，そのまま資源化されるが，収集されたごみは，焼却や資源化などの中間処理，直接資源化もしくは直接最終処分される（図9-3）。2021年度は中間処理3,719万t（94.3%），直接資源化189万t（4.8%），直接最終処分34万t（0.9%）となっており，中間処理（焼却施設からのものを含む）後の資源化量（再生利用量）は467万t（11.9%）となっている。また焼却処理によって2,943万t（74.7%）が減量されている。

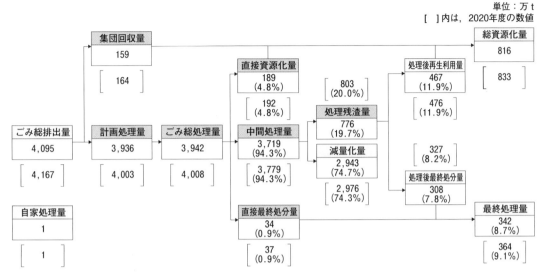

注1：計画誤差等により、「計画処理量」と「ごみの総処理量」（＝中間処理量＋直接最終処分量＋直接資源化量）は一致しない。
　2：減量処理率（％）＝［（中間処理量）＋（直接資源化量）］÷（ごみの総処理量）×100とする。
　3：「直接資源化」とは、資源化等を行う施設を経ずに直接再生業者等に搬入されるものであり、1998年度実績調査より新たに設けられた項目。1997年度までは、項目「資源化等の中間処理」内で計上されていたと思われる。
資料：環境省

図 9-3　わが国のごみ処理のフロー（2021 年度）
（環境省，「環境・循環型社会・生物多様性白書　令和 5 年版」）

　焼却処理は，ごみの減量化と安定化という面からは優れている。しかしながら，焼却されるごみの中にハロゲン，硫黄，窒素，重金属類などが混入していると有害なガスや焼却灰が発生するため，種々の有害物質除去装置を焼却炉に付設する必要がある。とくにダイオキシンの発生抑制が重要な課題となる。基本的なダイオキシン抑制対策は，ごみの完全燃焼（燃焼温度 800 ℃以上，滞留時間 2 秒間以上）によるダイオキシンの熱分解，排ガス冷却過程での再生成の防止（200 ℃以下に冷却），バグフィルター（ろ過式集じん器）の導入などによる効率的な除去の 3 点である。

　最終処分量については減少傾向が続いており，2021 年度には年間 342 万 t（総排出量の 8.7 ％）にまで減少した。また最終処分場の残余容量（2021 年度）は 9,845 万 m^3 であり，残余年数は 23.5 年となっている。

9-2-2　ごみのリサイクル

　ごみのリサイクル率（総資源化率＝総資源化量／ごみ総排出量×100）は，近年は横ばい傾向にあり，2021 年度には 19.9 ％（816 万 t／4,095 万 t×100）となっている。しかし「容器包装リサイクル法」に基づいて分

別収集が行われているガラスびん，ペットボトル，プラスチック製容器包装，紙製容器包装，スチール缶，アルミ缶，紙パック，段ボールについては，高いリサイクル率となっている。

コラム　循環型社会形成のための施策体系

1991年には，生産，流通，消費の各段階において資源の有効利用をはかるとともに，廃棄物の発生の抑制および環境の保全を目的とした「再生資源の利用の促進に関する法律（リサイクル法）」が施行された。この法律は，2000年に大幅に改正され「資源の有効な利用の促進に関する法律（資源有効利用促進法）」に改題された。

2001年には「循環型社会形成推進基本法」が完全施行され，処理の優先順位が，① 発生抑制，② 再使用，③ 再生利用，④ 熱回収，⑤ 適正処分の順に定められた。この基本法の整備にともない，個別の廃棄物・リサイクル関係の法律として「容器包装リサイクル法」「家電リサイクル法」「食品リサイクル法」「建設リサイクル法」「自動車リサイクル法」および「小型家電リサイクル法」が一体的に整備された。さらには，資源有効利用促進法に基づき，廃棄物の発生抑制に向けた3R（リデュース Reduce，リユース Reuse，リサイクル Recycle）の推進が実施されている。具体例としては「グリーン購入法」による国などの公的部門における再生品の調達（グリーン購入）の推進である。

現在のわが国における施策体系は，以下のようになっている。

① 環境基本法（1994年施行）：この法律に基づき，政府の施策を総合的かつ計画的に推進するために，環境基本計画（1994年公表，2012年改正）が策定されている。

② 循環型社会形成推進基本法（2001年完全施行）：この法律に基づき，循環型社会の形成に関する施策を総合的かつ計画的に推進するために，循環型社会形成推進基本計画（2003年公表，2013年改正）が定められている。

③ 廃棄物処理法（2016年最終改正）：廃棄物の適正処理に関する法律であり，廃棄物の排出抑制，廃棄物の適正処理（リサイクルを含む），廃棄物処理施設の設置規制，廃棄物処理業者に対する規制，廃棄物処理基準の設定などを定めている。

④ 資源有効利用促進法（2001年改正・施行）：リサイクルの推進に関する法律であり，再生資源のリサイクル，リサイクル可能な構造・材質などの工夫，分別回収のための表示，副産物の有効利用の促進などを定めている。

⑤ 容器包装リサイクル法（2000年完全施行，2006年改正）：びん，ペットボトル，紙類，缶類，プラスチック製品を対象としている。

⑥ 家電リサイクル法（2001年完全施行）：エアコン，冷凍庫・冷蔵庫，

テレビ，洗濯機・衣類乾燥機の4品目を対象としている。

　⑦ 食品リサイクル法（2001年完全施行，2007年改正）：売れ残った食品，食べ残した食品，製造過程で発生する食品廃棄物などの食品残さを対象としている。

　⑧ 建設リサイクル法（2002年完全施行）：木材，コンクリート，アスファルトなどの建設資材を対象としている。

　⑨ 自動車リサイクル法（2005年完全施行）：使用済み自動車を対象としている。

　⑩ 小型家電リサイクル法（2013年施行）：携帯電話，デジタルカメラ，パーソナルコンピュータ，ゲーム機などを対象としている。

　⑪ グリーン購入法（2001年完全施行）：国などの公的部門が率先して再生品の調達（グリーン購入）を推進する。

9-2-3　し尿処理

わが国では水洗化人口が年々増加しており，2020年度には12,107万人（公共下水道処理9,720万人，し尿浄化槽処理2,400万人）となった。し尿処理浄化槽処理は，し尿のみを処理する単独処理浄化槽処理から，台所や風呂などからの生活雑排水と混合して処理をする合併処理浄化槽処理へと徐々に転換されている。

　一方，汲取りなどの非水洗化人口は554万人にまで減少している。し尿浄化槽で発生した汚泥，および汲取りなどの計画収集し尿は，し尿処理施設において，もしくは下水道投入によって処理されている。古くは海洋投入による処理も行われていたが，この処理は2007年に禁止となった。

し尿浄化槽

　2001年度から単独処理浄化槽の新たな設置はできなくなり，合併処理浄化槽への転換あるいは公共下水道の利用が図られている。2020年度末時点の浄化槽設置数は約752万基（2019年度末は約757万基）であり，その内訳は単独処理浄化槽が約364万基（2019年度末は約357万基），合併処理浄化槽が約388万基（2019年度末は約382万基）となっている。

9-3　産業廃棄物の処理

9-3-1　産業廃棄物の排出と処理

産業廃棄物の総排出量は横這い傾向が続いており，年間4億t前後で推移している（図9-4）。2020年度の総排出量は37,382万tであるが，その内訳としては，汚泥，動物のふん尿，建設廃材（がれき類）が多い。また業種別では，電気・ガス・熱供給・水道業9,932万t（26.6％），農業・林業8,237万t（22.0％），建設業7,821万t（20.9％）の順となっており，これらで全体の約7割を占めている。

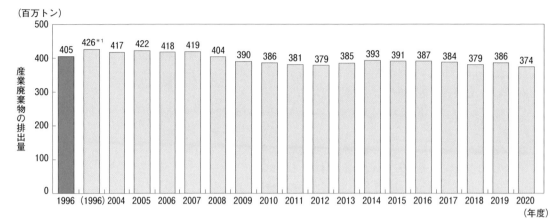

（百万トン）

※1：ダイオキシン対策基本方針（ダイオキシン対策関係閣僚会議決定）に基づき，政府が2010年度を目標年度として設定した「廃棄物の減量化の目標量」（1999年9月設定）における1996年度の排出量を示す。
注1：1996年度から排出量の推計方法を一部変更している。
　2：1997年度以降の排出量は※1において排出量を算出した際と同じ前提条件を用いて算出している。
資料：環境省「産業廃棄物排出・処理状況調査報告書」

図9-4　わが国の産業廃棄物の排出量の推移
（環境省，「環境・循環型社会・生物多様性白書　令和5年版」）

　排出された産業廃棄物は，直接再生利用，中間処理（脱水，焼却，破砕など）もしくは直接最終処分される（図9-5）。2020年度は直接再生利用7,681万t（20.5%），中間処理29,262万t（78.3%），直接最終処分439万t（1.2%）となっており，中間処理（乾燥，粉砕，焼却など）による減量化量は16,571万t（44.3%）となっている。また再生利用量は，中間処理に伴うもの12,221万t（32.7%）を加えると19,902万t（53.2%）となっている。

　最終処分量は概ね減少傾向が続いており，2020年度は909万t（総排出量の2.4%）となり，前年度（916万t）より7万t減少している。また残余容量（2020年度）が約15,700万m^3であり，残余年数は17.3年となっている。

　ガラスくず，陶磁器くず，金属くず，廃プラスチック類，建設廃材，およびゴムくずは，腐ることもなく汚水を出すこともないので，安定型産業廃棄物とよばれている。したがって，これらの産業廃棄物の最終処分場（安定型最終処分場）については周囲に囲いを設け，廃棄物が周辺に飛散するのを防止するだけで十分である。安定型産業廃棄物以外の産業廃棄物のうち，有害物質が溶出しない廃棄物の最終処分場（管理型最終処分場）については，有機性の汚水が生じるおそれがあるため，汚水の地下への浸透を防ぐことを目的として，最終処分場の底部には粘土，

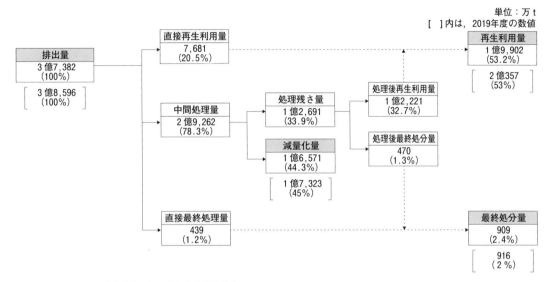

単位：万 t
[ ]内は，2019年度の数値

資料：環境省「産業廃棄物排出・処理状況調査報告書」

図 9-5　わが国の産業廃棄物処理のフロー（2020年度）
（環境省，「環境・循環型社会・生物多様性白書　令和5年版」）

ゴム，あるいは合成樹脂製のシートが張られている。さらに廃棄物から
浸出した汚水は，集水管を経て浸出液処理施設に導かれる構造となって
いる。一方，有害物質の溶出が問題となる特定有害産業廃棄物は，廃棄
物を環境から完全に遮断した遮断型最終処分場に埋立てられる。この処
分場では，廃棄物の収納場所の底部および外壁が十分な強度をもったコ
ンクリート製になっている他，上部からの雨水の侵入も防止できる構造
となっている。

9-3-2　マニフェスト制度

　産業廃棄物の処理（収集・運搬，中間処理，最終処分など）を処理業
者に委託する場合には，処理が適正に行われたことを確認するため，排
出者から委託事業者に対して産業廃棄物管理票（マニフェスト）が交付
される（図 9-6）。

　マニフェスト制度は処理過程における事故や不法投棄などの不適正処
理を防止するため，1993年に特別管理産業廃棄物の処理委託に対して義
務付けられ，1998年からは全ての産業廃棄物の処理委託に対して義務付
けされた。また，情報伝達の共有と効率化のため，1998年には電子マニ
フェストも制度化された。

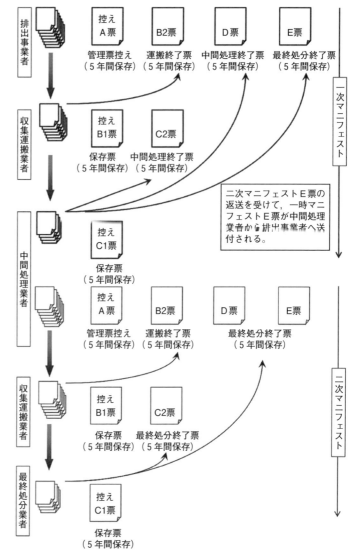

図 9-6　産業廃棄物管理票（マニフェスト）の仕組み
（環境省，「廃棄物処理法に基づく感染性廃棄物処理マニュアル」）

9-4　医療廃棄物の処理

9-4-1　医療廃棄物の種類と処理

　医療用新素材の開発や使い捨てタイプ（ディスポーザブル）の医療器具の普及などによって，医療関係機関（病院，診療所，衛生検査所，老人保健施設，助産所，動物の診療施設および試験研究機関など）から発

生する医療廃棄物は，種類が多様になり量も増加した。医療廃棄物は感染性廃棄物と非感染性廃棄物に分類され，さらに感染性廃棄物は特別管理一般廃棄物と特別管理産業廃棄物に分けられる。

なお感染性廃棄物の該否の判断は，「形状」，「排出場所」または「感染症の種類」の観点から客観的に判断することを基本としている。

コラム　感染性廃棄物の判断基準

1.　形状の観点
　(1) 血液，血清，血漿および体液（精液を含む）（以下「血液など」という）
　(2) 手術などに伴って発生する病理廃棄物（摘出または切除された臓器，組織，郭清に伴う皮膚など）
　(3) 血液などが付着した鋭利なもの
　(4) 病原微生物に関連した試験，検査などに用いられたもの
2.　排出場所の観点
　感染症病床，結核病床，手術室，緊急外来室，集中治療室および検査室において治療，検査などに使用された後，排出されたもの
3.　感染症の種類の観点
　(1) 感染症法の一類，二類，三類感染症，新型インフルエンザなど感染症，指定感染症および新感染症の治療，検査などに使用された後，排出されたもの
　(2) 感染症法の四類および五類感染症の治療，検査などに使用された後，排出された医療器材，ディスポーザブル製品，衛生材料など（ただし，紙おむつについては，特定の感染症に係るものなどに限る）

注1) 通常，医療関係機関などから排出される廃棄物は「形状」，「排出場所」および「感染症の種類」の観点から感染性廃棄物の該否について判断ができるが，これらいずれの観点からも判断できない場合であっても，血液などその他の付着の程度やこれらが付着した廃棄物の形状，性状の違いにより，専門知識を有する者（医師，歯科医師および獣医師）によって感染のおそれがあると判断される場合は感染性廃棄物とする。
注2) 非感染性の廃棄物であっても，鋭利なものについては感染性廃棄物と同等の取扱いとする。

医療機関などでは感染性廃棄物を適正に処理するため，特別管理産業廃棄物管理責任者を置き，感染性廃棄物の処理計画および管理規定を作成し，管理体制の充実を図ることが求められている。管理責任者としての有資格者は，医師，歯科医師，薬剤師などの国家資格を有する者，特別管理産業廃棄物管理責任者に関する講習会を受講し修了した者などである。

施設内で発生した感染性廃棄物は，原則として自己の施設内において，

焼却または溶融する方法，高圧蒸気滅菌または乾熱滅菌による方法，煮沸または薬剤による方法などにより滅菌消毒された後，通常の一般廃棄物あるいは産業廃棄物として処分される。一方，自己の施設内で処理できない場合には，許可を得た民間処理業者に処理を委託することになる。この場合には，感染性廃棄物の処理が適正に行われたことを確認できるようマニフェスト（図9-6）を交付する必要がある。

9-5　化審法とPRTR制度

9-5-1　化学物質の法的な規制

　化学物質の使用などについては，種々の法律に基づいて規制されている。化学物質の使用規制に係る法律のうち，人が直接曝露する化学物質を対象としたものとしては，薬事法，毒物および劇物取締法，麻薬および向精神薬取締法，覚せい剤取締法，大麻取締法，あへん法，農薬取締法，有害物質を含有する家庭用品の規制に関する法律などがあげられる。また環境を介して曝露され，ヒトの健康とともに環境への影響がある化学物質を対象としたものとしては，化学物質の審査および製造などの規制に関する法律（化審法），特定化学物質の環境への排出量の把握などおよび管理の改善の促進に関する法律（化管法，PRTR法），農薬取締法，大気汚染防止法，水質汚濁防止法，土壌汚染対策法，廃棄物処理法などが該当する。

9-5-2　化審法の概要

　わが国では5万種類を超える化学物質が流通しており，工業用途として届け出られるものだけでも毎年300種類程度が新たに市場に投入されている。これら化学物質の中には，大気や水などを経由して人や生態系に有害な影響を及ぼすものがある。こうした化学物質による環境汚染を未然に防止するには，化学物質を対象とした環境リスク評価を行い，適切な環境リスク対策を講じていく必要がある。わが国においては，PCBなどによる環境汚染問題を契機として，環境中で分解されにくく（難分解性），ヒトの健康を損なう可能性のある化学物質を対象とした「化学物質の審査および製造などの規制に関する法律（化審法）」が1973年に制定された。これは政令で定める数量以上の化学物質に関して，市場で使用される前に審査（事前審査）を行い，その製造，輸入，使用などを厳しく規制し，化学物質による被害を未然に防ぐことを目的としたものである。

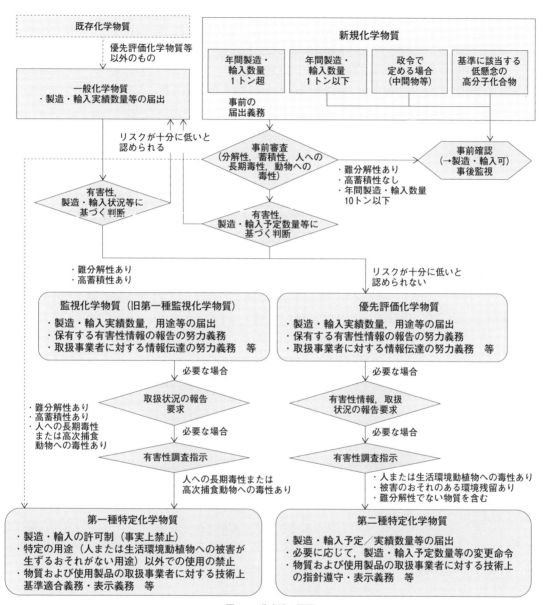

図 9-7 化審法の概要
(「2013/2014 年国民衛生の動向」, 厚生労働統計協会)

化審法は制定以来3回改訂され，現行法（2011年4月施行）では既存の化学物質を含むすべての化学物質について，1t以上の製造・輸入を行った事業者に対して，毎年度その数量を届け出る義務を課している。図9-7には審査の概要を示したが，現行法では分解性，蓄積性および人への長期毒性（慢性毒性）または生態毒性の有無などに基づいて化学物質を次の4群に分けて規制している。

まず，難分解性かつ高蓄積性であり，人への長期毒性または高次捕食動物への毒性を有する化学物質は，第一種特定化学物質に指定され，特定用途以外の製造，輸入や使用が禁止されている。

次に毒性が明らかでなくても，難分解性かつ高蓄積性の化学物質については，毒性が明らかになるまで監視化学物質に指定され，製造・輸入実績数量や詳細用途などの届出，取扱い事業者に対する情報伝達の努力義務が課せられる。この監視化学物質には38種類が指定されている。一方，高蓄積性ではないが，人への長期毒性または生活環境動物への生態毒性や被害のおそれがある環境残留性の化学物質は，第二種特定化学物質に指定され，製造・輸入の予定と実績数量の届出が義務付けられるとともに，必要に応じて製造・輸入が制限される。

さらに，第二種特定化学物質の指定要件となっているリスクが十分に低いとは認められない化学物質は，優先的に安全性評価を行う必要のある優先評価化学物質に指定されている。

化審法における試験法として，分解性に関しては活性汚泥を用いた分解度試験，蓄積性に関しては魚類（ヒメダカまたはコイ）を用いた濃縮度試験，および1-オクタノール/水分配係数試験が実施される。生態毒性試験としては藻類生長阻害試験，ミジンコ急性遊走阻害試験，魚類急性毒性試験，および鳥類の繁殖に及ぼす影響に関する試験が行われ，長期毒性試験としては，げっ歯類を用いる28日間または90日間反復投与毒性試験，変異原性試験（細菌を用いる復帰突然変異試験，ほ乳培養細胞を用いる染色体異常試験，マウスリンフォーマTK試験），がん原性試験が実施される。

9-5-3　PRTRとSDS

化学物質排出移動登録制度（Pollutant Release and Transfer Resister：PRTR）とは，化学物質管理の自主的な改善を促進し，環境の保全上の支障を未然に防止するため，有害性のある化学物質がどのような発生源から，どれくらい環境中に排出されたか，あるいは廃棄物に含まれて事業所の外に運び出されたかというデータを事業者自らが把握し，国

第一種特定化学物質

2023年4月現在，ポリ塩化ビフェニル，ビス（トリブチルスズ）オキシド，ポリ塩化ナフタレン，ヘキサクロロベンゼン，DDT，HCD，アルドリン，ディルドリン，エンドリン，クロルデンなどの34種類が指定されている。

第二種特定化学物質

2023年4月現在，トリクロロエチレン，テトラクロロエチレン，四塩化炭素，ビス（トリブチルスズ）オキシド以外の有機スズ化合物などの23種類が指定されている。

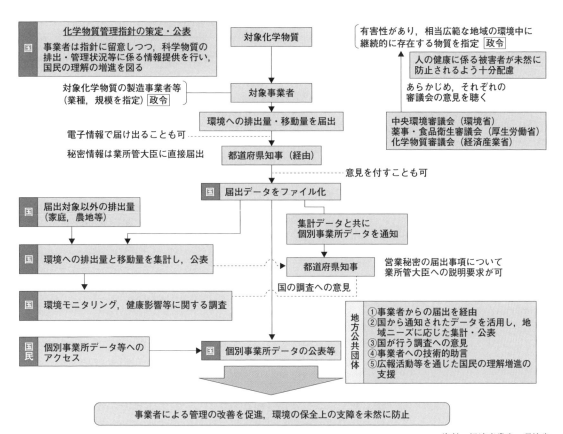

図 9-8　PRTR の実施の手順
（環境省，「環境・循環型社会・生物多様性白書　令和 5 年版」）

が集計して公表する仕組みであり，1999 年に制定された「特定化学物質の環境への排出量の把握などおよび管理の改善の促進に関する法律（化管法，PRTR 法）」によって制度化され，2001 年度から実施されている（図 9-8）。

　この制度では，第一種指定化学物質を製造あるいは使用している一定規模以上の事業所は，環境中に排出した量，および廃棄物や下水として事業所の外に移動させた量を自ら把握し，行政機関（都道府県）へ年に 1 回届け出ることとなっている。

　一方の行政機関は，事業所から届け出された量（届出排出量・移動量）を整理・集計するとともに，家庭，農地，自動車などから排出された量（届出外排出量）を推計し，それらをあわせて公表することとなっている。届出排出量としては，2021 年度ではトルエン，キシレン，エチルベ

第一種指定化学物質

　人の健康や生態系などへの有害性を有し環境中に広く存在する化学物質であり，現在は 515 物質が指定されている。このうち，発がん性，生殖細胞変異原性および生殖発生毒性が認められるものは，特定第一種指定化学物質として分類されており，現在は 23 物質が指定されている。

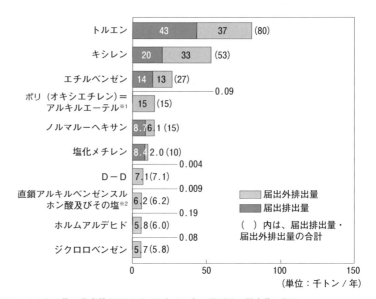

※1：アルキル基の炭素数が12から15までのもの及びその混合物に限る。
※2：アルキル基の炭素数が10から14までのもの及びその混合物に限る。
注：百トンの位の値で四捨五入しているため合計値にずれがある場合があります。
資料：経済産業省，環境省

図9-9　届出排出量・届出外排出量上位10物質とその排出量（2021年度）
（環境省，「環境・循環型社会・生物多様性白書　令和5年版」）

ンゼンが上位3つの化学物質となっている（図9-9）。

　化管法（PRTR法）では，第一種指定化学物質に加え，第二種指定化学物質134物質についても，対象となる化学物質やそれを含む製品の出荷時には，安全データシート（Safety Data Sheet：SDS）の添付が義務付けられている。SDSには化学物質の名称，事業所名，化学物質の性状，取扱法，危険性や有害性，安全対策，緊急時の対策などが記載されている。SDSの提供は対象となる化学物質やそれを含む製品を取扱う全事業者に対して義務付けられている。

10 環境保全と法的規制

10-1　環境保全の施策体系

10-1-1　環境基本法

1950 年代から 1960 年代の公害では，特定の企業活動による地域的な環境汚染が主であった。そのため，公害対策基本法や自然環境保全法に基づいた汚染物質の排出規制により，環境汚染は改善され，公害は収束に向かって行った。ところが 1980 年代になると，汚染源も被害者も地球規模で考えなくてはならない新たな環境問題が生じてきた。地球温暖化，オゾン層の破壊，酸性雨，熱帯雨林の減少などの問題である。これらの地球環境問題は，原因となる汚染源が極めて広範囲に存在することから，汚染の原因者と被害者の因果関係が必ずしも明確ではないことが特徴となっている。酸性雨やオゾン層の破壊については汚染源の特定が可能であり，有効な対策を講じることは可能ではある。しかし実際には，技術的あるいは経済的な障壁が立ちふさがる。一方では，社会にとって不可欠な活動によって生じる地球環境問題もある。例えば，地球温暖化の原因となる二酸化炭素は汚染物質とは言えない物質であり，しかも人々のほとんど全ての活動に伴って排出される。したがって，その排出を抑制することは極めて困難である。

このような地球規模での環境問題は国際社会における重要な政策課題であり，1992 年のブラジルでの地球サミット「環境と開発に関する国連会議」をはじめ，数多くの重要な国際会議が相次いで開催され，地球環境保全のための条約も多数制定された。わが国においても，これらの条約に基づく国内法を整備するとともに，環境保全分野への積極的な国際協力が進められた。しかし，社会システムのあり方と深く関連するこれら問題の解決には，従来の規制的な手法による対応では限界がみられた。さらには，公害対策および自然環境保全対策が連携して解決すべき問題も数多く生じてきた。そこで 1993 年，公害対策基本法が廃止され，公害と自然とを一体のものとして扱う「環境基本法」が新たに制定された。

環境と開発に関する国連会議（United Nations Congress for Environment and Development：UNCED）

この国連会議において，21 世紀における環境保全に向け，持続可能な開発（Sustainable Development）を実現するために各国および関係国際機関が実行すべき行動計画として「アジェンダ 21」が採択された。

また自然環境保全法も環境基本法の趣旨に沿って改正された。

　環境基本法は，日本の環境対策の基本理念を定め，環境の保全に向けて国，地方公共団体，事業者および国民の責務を明らかにするとともに，個別の施策の具体的な方向性を示すものである。第1条の目的には，「この法律は，環境の保全について，基本理念を定め，ならびに国，地方公共団体，事業者および国民の責務を明らかにするとともに，環境の保全に関する施策の基本となる事項を定めることにより，環境の保全に関する施策を総合的かつ計画的に推進し，もって現在および将来の国民の健康で文化的な生活の確保に寄与するとともに人類の福祉に貢献することを目的とする」と記されている。この環境基本法では，1）環境の恵沢の享受と継承等（3条），2）環境への負荷の少ない持続的発展が可能な社会の構築等（4条），3）国際的協調による地球環境保全の積極的推進（5条）の3点を基本的な理念としている。

　2011年3月に発生した東日本大震災に関する対応として，2012年には環境基本法が改正され，放射性物質による環境汚染の防止のための措置が同法の対象となった。

10-1-2　環境基本計画

　環境基本計画は，環境基本法に基づき，環境保全に関する総合的かつ長期的な施策の大綱として1994年に策定された。1994年の第一次計画，2000年の第二次計画（環境の世紀への道しるべ），2006年の第三次計画（環境から拓く新たな豊かさへの道）に続き，2012年には第四次計画が閣議決定された。

　第一次計画では，長期的目標として以下の4項目が設定されている。

　1）循　環：経済社会システムにおける物質循環をできるかぎり確保することによって，環境への負荷をできるかぎり少なくし，循環を基調とする経済社会システムを実現する。

　2）共　生：健全な生態系を維持・回復し，自然と人間との共生を確保する。

　3）参　加：あらゆる主体が，それぞれの立場に応じた公平な役割分担のもと，相互に協力・連携しながら，環境への負荷の低減や環境の特性に応じた賢明な利用等に自主的積極的に取り組み，環境保全に関する行動に参加する社会を実現する。

　4）国際的取組：日本の国際社会に占める地位に応じて，地球環境を共有する各国との国際的協調のもとに，地球環境を良好な状態に保持するため，国のみならず，あらゆる主体が積極的に行動し，国際的取組を推

進する。

　第四次計画では，今後の環境政策の展開の方向として，1) 政策領域の統合による持続可能な社会の構築，2) 国際情勢に的確に対応した戦略をもった組織の強化，3) 持続可能な社会の基盤となる国土・自然の維持・形成，4) 地域をはじめ様々な主体による行動と協働の推進の4つの方向性が掲げられている。また，9つの優先的に取り組む重点分野を定めている。

10-1-3　環境基準

　環境基本法では，人の健康の保護および生活環境を保全する上で維持されることが望ましい基準として，大気汚染，水質汚濁，土壌汚染および騒音について環境基準が定められている。またダイオキシン類については，1999年制定のダイオキシン類対策特別措置法において環境基準が定められている。なお環境基準は，汚染の少ない地域では基準を超えることがないように，すでに汚染が進んでいる地域では基準まで低減させるように行政が対策を立てて実施するための目標である。また常に適切で科学的な判断が加えられ，新しい科学的知見に基づく改定がなされなければならないことになっている。

10-1-4　環境影響評価法

　環境基本法には，従来の公害対策基本法や自然環境保全法には含まれていなかった環境影響評価（環境アセスメント）に関する規定が新たに盛り込まれた。環境影響評価は，開発事業の実施に先立って，その事業がもたらす環境への影響に関して，調査・予測・評価を行い，その結果を公表して地域住民などの意見を聞き，公害・環境破壊を未然に防止することを目的としている。開発事業とは道路，ダム，鉄道，空港の設置，埋め立て・干拓，住宅・工業団地の開発などの大規模な事業である。1997年には環境影響評価に関する手続きを定めた環境影響評価法が成立した。同法は2011年に一部改正され，交付金事業の法対象事業への追加，環境影響評価方法書に関する説明会実施の義務化などの措置がなされた。

重点分野

　第四次計画では，経済・社会のグリーン化とグリーン・イノベーションの推進，国際情勢に的確に対応した戦略的取組の推進，持続可能な社会を実現するための地域づくり・人づくり，基盤整備の推進，地球温暖化に関する取組，生物多様性の保全および持続可能な利用に関する取組，物質循環の確保と循環型社会の構築のための取組，水環境保全に関する取組，大気環境保全に関する取組，包括的な化学物質対策の確立と推進のための取組の9つを重点分野に定めている。

10-2 大気環境の保全

10-2-1 環境基準と排出規制

(1) 環境基準

大気汚染に関する環境基準は，二酸化硫黄，一酸化炭素，浮遊粒子状物質，二酸化窒素，光化学オキシダントの5種の健康保護項目および4種類の有害大気汚染物質（ベンゼン，トリクロロエチレン，テトラクロロエチレン，ジクロロメタン）について定められている。この他，ダイオキシン類，微小粒子状物質（$PM_{2.5}$）についても定められている。約1,580の一般環境大気測定局（一般局）と約450の自動車排ガス測定局（自排局）で常時連続測定が行われており，これらのデータは，大気汚染物質広域監視システム（そらまめ君）によりインターネットでリアルタイムに情報提供されている。さらに，これらの汚染物質については，一般緊急時（大気汚染注意報が出され，知事により濃度減少の要請がなされる）および重大緊急時（大気汚染警報が出され，知事により濃度減少命令が出される）の基準が定められている。

大気汚染の被害ではロンドンスモッグや四日市ぜんそくにみられるように，SO_X によるものがまず問題となったので，SO_X 対策に重点がおかれた。SO_X は石油や石炭などに含まれる硫黄に由来するものであり，排煙の洗浄による脱硫，燃料自身の脱硫，あるいは硫黄含有量の少ない産地の石油の使用などの対策がとられた。その結果，SO_X に関しては改善が著しく，環境基準値を超す測定局はほとんどみられなくなった。NO_X に関しては移動発生源である自動車の排ガスの寄与が大きく，長年横ばい状態であったが近年緩やかな低下傾向にある。NO_2 の環境基準達成率を見ると，一般環境大気測定局では1997年には95.3%であったものが，2002年には1,460有効測定局（年間測定時間が6,000時間以上）のうちの99.1%，2006年には1,397有効測定局の100%，2015年にも1,253有効測定局の100%で環境基準を達成している。一方の自動車排ガス測定局では，上記と同じ年度でそれぞれ65.7%，83.5%（345局），90.7%（400局），99.8%（400局）となっており，水準の上昇がみられることがわかる。

(2) 排出規制

大気汚染防止法が1968年に定められ，これに基づいて事業活動に伴って発生するばい煙の排出についての規制，自動車排ガス規制，常時監視，緊急時の措置などが行われている。

微小粒子状物質の環境基準

微小粒子状物質（$PM_{2.5}$）の環境基準は2009年9月に設定され，2010年度から常時監視が開始されている。

SO_X と NO_X の発生源

わが国が主として使っている中近東産の原油は硫黄含量が高く，平均3%程度含まれている。しかし，原油中に含まれる硫黄の大部分は重油中に残り，低沸点のガソリンや灯油には含まれないので，自動車排ガスによる SO_X 汚染はない。

NO_X は高温燃焼によって大気中の N_2 と O_2 が反応して生じるので，固定発生源とともに移動発生源である自動車排ガスの寄与が大きい。

ばい煙発生施設からのばい煙については次のような排出規制が定められている。

1) 硫黄酸化物（SO_X）

$$Q = K \times 10^{-3} \times He^2$$

    Q：硫黄酸化物の許容排出量（$N\,m^3/$ 時）

    K：汚染程度に従って地域により定められた定数

    He：有効煙突高さ

2) ばいじん

    $0.03 \sim 0.7\,g/N\,m^3$

3) 燃焼，合成，分解その他の処理により発生する有害物質

    カドミウムおよびその化合物：$1.0\,mg/N\,m^3$

    塩素：$30\,mg/N\,m^3$

    塩化水素：$80,\ 700\,mg/N\,m^3$

    フッ素，フッ化水素およびフッ化ケイ素：$1 \sim 20\,mg/N\,m^3$

    鉛およびその化合物：$10 \sim 30\,mg/N\,m^3$

    窒素酸化物（NO_X）：$60 \sim 950\,ppm$

この他，アンモニア，フッ化水素，シアン化水素など28種の特定物質を取り扱う施設での事故などによる漏出についての規定などが定められている。

排出の規制は濃度規制だけでなく，SO_X および NO_X については特定の地域に総量規制が適用されている。また，ばいじんと有害物質については，大気汚染防止が十分でないと認められる区域があるとき，都道府県が条例によって一律基準よりも厳しい上乗せ排出基準を設定することができるようになっている。

自動車排ガス規制は，1973年頃から行われるようになってきたが，CO，HC，NO_X に関して米国でマスキー法（1970年大気清浄法改正法）が成立したのを受けて，同様な内容の規制が1975年からガソリンエンジンの普通乗用車に対して開始された。規制は逐次強化され，軽自動車，トラック，ディーゼル車などにも広げられ，2000年，2001年，2002年には新短期規制の排出基準強化が行われた。

しかし，上述のように NO_X に関する改善がなかなか進まなかったので，自動車 NO_X 法を1992年に制定して，東京，神奈川，千葉，埼玉，大阪，兵庫などの指定された地域での規制が強化された。NO_X は SO_X と異なり，燃料の成分の燃焼に由来するのではなく，高温燃焼の結果大気中の N_2 と O_2 が反応して生じるものであるので，対策が困難である。自動車エンジンの燃費効率を上げるために高温での完全燃焼を目指すとか

K 値

地域ごとに 3.0 ～ 17.5（値が小さいほど厳しい）の範囲で定められており，K 値と呼ばれている。

SO_X と NO_X の総量規制

SO_X については，埼玉，千葉，東京，神奈川，静岡，愛知，三重，京都，大阪，兵庫，和歌山，岡山，広島，山口，福岡の各都府県内の地域，NO_X については，東京都特別区等地域，横浜市等地域，大阪市等地域が総量規制の対象になっている。

えって NO$_X$ が増加するという結果を招くことになりかねない。さらに，ディーゼル車を中心として浮遊粒子状物質（PM）による被害の問題が生じてきたので，2001 年に自動車 NO$_X$ 法を自動車 NO$_X$・PM 法に改めて PM の規制を盛り込み，ディーゼル車には 2002 ～ 2004 年に NO$_X$，PM の規制強化が実施された。

近年は低公害車の導入が取り組まれており，2030 年までに新車販売に占める次世代自動車（ハイブリッド自動車，電気自動車，プラグインハイブリッド自動車，燃料電池自動車，クリーンディーゼル車，CNG 自動車など）の割合を 5 割～ 7 割にする目標を掲げている。各種補助や税金の軽減措置などにより，新車販売に占める次世代自動車の割合は上昇している。

コラム　マスキー法

自動車排ガスの有害成分の量の大幅削減を目指した米国の法律である。上院環境委員会委員長 E. S. Muskie により，1963 年に大気清浄法の見直しが行われ，彼の名がつけられた。1975 年型式車については，排ガス中の CO および HC 量を 1970 年車の 1/10，1976 年型式車については NO$_X$ 量を 1971 年車の 1/10 に削減することを決めており，日本でも基本的にこれに一致する規制値が設定された。1973 年のオイルショックにより，これの完全実施は困難となったが，わが国では，ほぼこれに近い形で実施された。

なお，1972 年の連邦水質汚濁防止法も水のマスキー法と呼ばれている。

大気汚染防止法では，ばい煙，特定物質および自動車排ガスの規制の他，粉じん，揮発性有機化合物，有害大気汚染物質を規制している。

物の破砕やたい積により発生または飛散する粉じんのうち，人の健康に被害を生じるおそれのある物質は特定粉じん（現在は石綿を指定），それ以外の粉じんは一般粉じんとして定められている。粉じんは排出基準ではなく，構造・使用・管理基準が設定されている。有害大気汚染物質は，低濃度でも継続的な摂取により健康への影響が懸念される物質として定義されており，ベンゼン，トリクロロエチレン，テトラクロロエチレンは指定物質として抑制基準が定められている。揮発性有機化合物は，大気中に排出または飛散した時に気体である有機化合物として定められており，発生施設ごとに排出基準が設けられている。

10-2-2　大気汚染物質の測定方法

（1）硫黄酸化物

1）溶液導電率法

吸収液（微量の硫酸を含む H_2O_2 溶液）に試料空気を通じると，空気中の SO_2 は H_2O_2 溶液に吸収され，次の反応により硫酸を生じる。SO_3 も次のように反応する。

$$SO_2 + H_2O_2 \longrightarrow H_2SO_4$$

$$SO_3 + H_2O \longrightarrow H_2SO_4$$

硫酸は強電解質であり，吸収液の導電率が増加する。この導電率の上昇を測定して SO_2 濃度（ppm）を求める。したがって，この方法では SO_2 および SO_3 の総量を SO_2 として定量することになる。この方法は SO_2 濃度（ppm）を自動連続測定することが可能であり，大気汚染調査，環境基準監視のための測定方法として広く採用されている。

2）紫外線蛍光法

SO_2 は 220 nm の紫外線照射により蛍光を発する（蛍光極大波長 350 nm 付近）。この蛍光は SO_2 に特異的であり，蛍光強度から大気中の SO_2 濃度を測定する。この方法は蛍光光度型 SO_2 分析計を用いて，SO_2 濃度の連続自動測定ができる。

3）トリエタノールアミン・パラロザニリン法

吸収びんに吸収液を一定量入れ，通常 $0.3 \sim 3$ L/min の流速で試料空気を吸引する。このとき試料空気中の二酸化硫黄はトリエタノールアミン溶液に完全に吸収され，次式のように反応して亜硫酸を生じる。

$$SO_2 + H_2O \longrightarrow \underset{\text{亜硫酸}}{H_2SO_3}$$

これにパラロザニリン・ホルムアルデヒド溶液を加えると，まず H_2SO_3 と HCHO が反応し，次式のようにヒドロキシルメチルスルホン酸を生成する。これがパラロザニリン塩酸塩と反応して赤紫色の呈色物質を与える（図 10-1）。

$$H_2SO_3 + HCHO \longrightarrow \underset{\text{ヒドロキシルメチルスルホン酸}}{HOCH_2SO_3H}$$

この呈色液の吸光度を測定する（波長 560 nm 付近）。呈色物質の吸光度は試料空気中の二酸化硫黄の量に比例する。この方法では SO_2 のみが定量できる。

吸収液

吸収液 10 L を調製するには，0.05 mol/L H_2SO_4 1 mL と H_2O_2（30％）2 mL に脱イオン水を加えて 10 L とする。

トリエタノールアミン溶液

トリエタノールアミン $(HOCH_2CH_2)_3N$ 20 g および NaN_3 0.05 g をとり，水に溶かして 1000 mL とする。

パラロザニリン・ホルムアルデヒド溶液

パラロザニリン塩酸塩 0.2 g を水 100 mL に溶かし，その 20 mL をとり，HCl 20 mL を加え，水で 100 mL とする。これに新しく標定したホルムアルデヒドを，水でうすめて 0.2％溶液としたもの 100 mL を混和する。

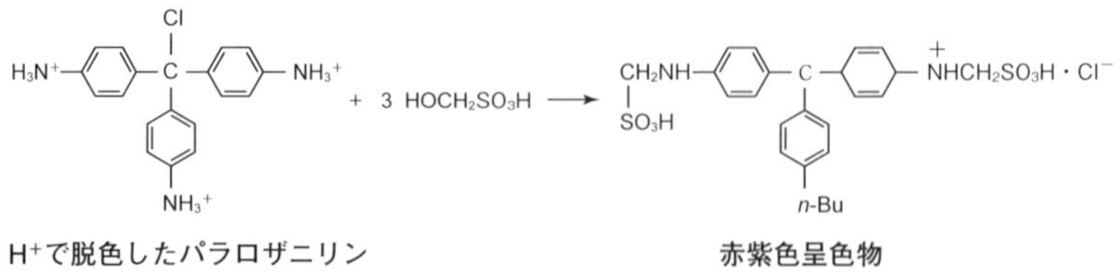

図 10-1　パラロザニリン塩酸塩とヒドロキシメチルスルホン酸との反応

(2) 窒素酸化物

1) ザルツマン法

　二酸化窒素を含む試料空気を採取装置に通すと，NO_2 は吸収発色液（ザルツマン試薬）に吸収され，図 10-2 に示す反応により亜硝酸を生じる。次いで，亜硝酸によりジアゾ化されたスルファニル酸が N-(1-ナフチル）エチレンジアミンとカップリング反応してアゾ色素を生じ桃紫色を呈する。この呈色液の吸光度（吸収極大波長 545 nm 付近）を測定し，検量線から試料溶液中の NO_2 量（μL）を求める。この値から試料空気中の NO_2 の濃度（ppm）を計算する。

ザルツマン試薬

　酢酸 50 mL を含む水 90 mL にスルファニル酸 5 g を加え，十分振り混ぜて溶かし，必要に応じ穏やかに加熱する。これに 0.1%N-(1-ナフチル）エチレンジアミン二塩酸塩溶液 50 mL を加え，さらに水を加えて 1000 mL にする。

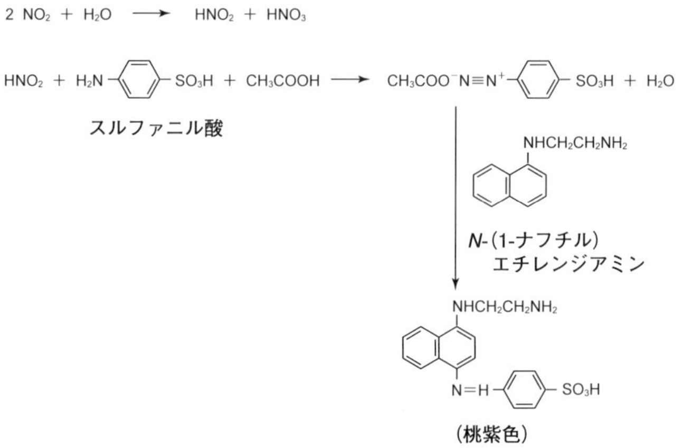

図 10-2　ザルツマン法による NO_2 の定量

　NO は吸収発色液（ザルツマン試薬）と反応しないため，硫酸酸性の $KMnO_4$ 溶液（図 10-3 の C に加える）を酸化剤として反応させ，NO_2 とし，同様にザルツマン試薬により定量する。

KMnO₄ 溶液

　$KMnO_4$ 25 g を約900 mL の水に溶かし，H_2SO_4 25 g （または 44%H_2SO_4 を 52 mL）を加え，水で全量を 1000 mL にする。

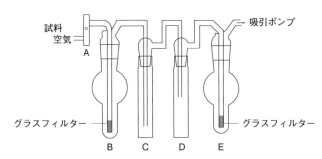

B，E：吸収発色液（ザルツマン試薬）
BはNO₂測定用，EはNO測定用
C：酸化液（硫酸性のNMnO₄溶液）
図 10-3　試料空気採取装置
（日本薬学会編，「衛生試験法・要説」，金原出版（2015））

2）オゾンを用いる化学発光法

NO が O_3 と反応すると，励起状態の NO_2 を生成し，基底状態にもどるとき発光（$h\nu$）することを利用した方法である。NO_2 はこの化学発光では測定できないため，いったん NO にまで還元したのち定量する。

$$NO + O_3 \longrightarrow NO_2{}^* + O_2$$
$$NO_2{}^* \longrightarrow NO_2 + h\nu$$

（$NO_2{}^*$は励起状態の NO_2 を示す）

(3) 一酸化炭素

1）非分散型赤外分析法

CO の連続自動測定に適した方法であり，主に非分散型赤外線吸収装置が用いられる。異なる原子により構成される分子（大気中では CO，CO_2，SO_2，NO，CH_4 など）は，それぞれ固有波長域の赤外線に吸収を持つスペクトルを示す。そのスペクトルは $1 \sim 25\,\mu$m の波長域に分布しているが，CO は $4.7\,\mu$m 付近における赤外線の吸収を計測することにより，濃度を測定する。

(4) 浮遊粒子状物質 Suspended Particulate Matter（SPM）

大気中に浮遊する粒子状物質であって，その粒径が $10\,\mu$m 以下のものを浮遊粒子状物質という。

1）ろ紙法（ろ過捕集重量法）

ローボリウムエアサンプラーに $10\,\mu$m 以上の粒子を除去する分粒装置を装着する。浮遊粒子状物質をろ紙上に捕集し，その重量を測定することにより試料重量（μg/m³）を求める。環境基準を評価する標準測定方法として使用されている。

2) 光散乱法

空気中の浮遊粒子状物質に光ビームを照射すると，光は粒子により散乱する。この散乱光の強さを光電子倍増管を用いて測定する。散乱光の強さが浮遊粒子状物質の重量濃度に比例するので，試料重量が求められる。この方法は自動連続測定ができる。

(5) 光化学オキシダント

オゾン，パーオキシアセチルナイトレート（PAN），過酸化物など中性ヨウ化カリウム溶液からヨウ素を遊離する酸化性物質をいう。ただし，NO_2 は除く。

パーオキシアセチル
ナイトレート（PAN）
$CH_3\text{-}CO\text{-}OONO_2$

1) 中性ヨウ化カリウム法

ヨウ化カリウムを含む吸収液に試料空気を通じると，空気中の光化学オキシダントがヨウ化カリウムと反応し，ヨウ素（I_2）を遊離させる。たとえば，オゾンは次式のように反応する。

$$2KI + O_3 + H_2O \longrightarrow I_2 + 2KOH + O_2$$

次いで，遊離した I_2 は過剰の KI と反応して KI_3 となる。

$$I_2 + KI \longrightarrow KI_3$$

吸収液

KH_2PO_4 13.61 g，$Na_2HPO_4 \cdot 12H_2O$ 35.82 g および KI 10.0 g を水に溶かして 800 mL とし，10%NaOH 溶液または H_3PO_4 溶液（10%）を加えて pH を 6.8〜7.2 に調整し，水を加えて 1000 mL とする。

水溶性の I_3^- は 352 nm に吸収極大を有しているので，その吸光度を測定し，検量線から試験溶液 10 mL 中の光化学オキシダント対応量（μL）を求める。この値から光化学オキシダント濃度（ppm）を計算する。

2) エチレンを用いる化学発光法

O_3 とエチレンが反応すると発光することを利用した方法で，オキシダントのうちの O_3 のみを特異的に定量することができる。この化学発光は，エチレンのオゾン酸化によって生成した励起ホルムアルデヒドが基底状態にもどるときの発光（$h\nu$：極大吸収波長は 450 nm）とされている。

$$HCHO^* \longrightarrow HCHO + h\nu \ (HCHO^* は励起状態の HCHO を示す)$$

10-3　水環境の保全

10-3-1　環境基準と排出規制

(1) 環境基準

公共水域の水質の保全のために，環境基本法に基づいた「水質汚濁防止に係る環境基準」が定められている。水質汚濁に係る環境基準には，「人の健康の保護に関する環境基準（健康項目）および「生活環境の保全に関する環境基準（生活環境項目）」がある。健康項目は，全公共用水域

および地下水において一律の基準値が設定されている。生活環境項目は，河川，湖沼，海域の公共用水ごとに利用目的などに応じた水域類型を設け，類型ごとにそれぞれ基準値が定められている。公共用水域のこのような環境基準設定項目の監視のため，水質自動監視測定装置が全国に設置されている。

2020 年および 2021 年の公共用水域における健康項目の環境基準達成率は 99.1%であり，ほとんどの地点で環境基準を満たしている。一方，生活環境項目のうち，有機汚濁の代表的な水質指標である BOD または COD の環境基準達成率は，2020 年が 88.8%，2021 年が 88.3%となっている。水域別では河川 93.5%，93.1%，湖沼が 49.7%，53.6%，海域が 80.7%，78.6%であり，湖沼では 1974 年から上昇してはいるものの，依然として低い達成率となっている（図 10-4）。

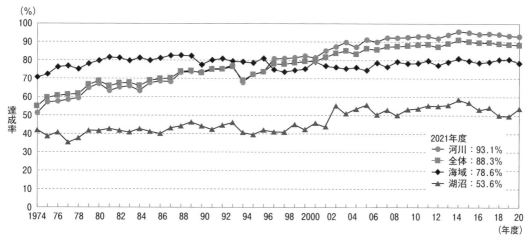

資料：環境省「令和 3 年度公共用水域水質測定結果」

図 10-4　公共用水域の環境基準（BOD または COD）の達成率の推移
（環境省，「環境・循環型社会・生物多様性白書　令和 5 年版」）

(2) 排水規制

水質汚濁防止法では，工場や特定事業所から河川など公共水域に放流される排水には全国一律の排水基準が設定されている。また全国一律の排水基準の他，環境基準の達成，維持が困難な場合においては，都道府県条例でさらに厳しい排水基準を設定することがあり，上乗せ基準と呼ばれている。排水基準には，pH，BOD，SS，大腸菌群数などの生活環境項目と，カドミウム，シアン化合物，鉛，ヒ素，トリクロロエチレンなどの有害物質に関する項目とがある。生活環境項目は，1 日あたりの

排出水量が平均 50 m³ 以上である特定施設に適用される。

10-3-2　水環境の汚染指標項目の測定方法

(1)　溶存酸素 Dissolved Oxygen（DO）

DO の測定に用いられるウインクラー法は，妨害物質のない水にしか適用できないので，実際に用いるときは水質や測定の目的によって，妨害物質の種類に対応した適切な前処理方法を選択する必要がある。

1)　ウインクラー法

測定びんに充満させた試料に，$MnSO_4$ 溶液とアルカリ性 $KI・NaN_3$ 溶液を加えると，$Mn(OH)_2$ の沈殿を生じる。この沈殿に溶存酸素が反応してマンガン酸（H_2MnO_3）が生じる。次に H_2SO_4 を加えて酸性とすると，KI がマンガン酸により酸化されて I_2 を遊離する。この I_2 を 0.025 mol/L チオ硫酸ナトリウム液（$Na_2S_2O_3$）で滴定する（指示薬はデンプン試液）。滴定に要したチオ硫酸ナトリウム液の mL 数から DO を計算する。

$$MnSO_4 + 2NaOH \longrightarrow Mn(OH)_2 + Na_2SO_4$$
$$2Mn(OH)_2 + O_2 \longrightarrow 2H_2MnO_3$$
$$H_2MnO_3 + 2KI + 2H_2SO_4 \longrightarrow I_2 + MnSO_4 + K_2SO_4 + 3H_2O$$
$$I_2 + 2Na_2S_2O_3 \longrightarrow 2NaI + Na_2S_4O_6$$

(2)　生物化学的酸素要求量 Biochemical Oxygen Demand（BOD）

BOD とは，主として水中の有機物を生物化学的に酸化するために消費する酸素量を mg/L で表したものである。20℃で 5 日間に消費された酸素量をもって標準としている。ウインクラー法で測定した 15 分後の DO および 5 日後の DO から BOD を算出する。有機物汚濁が少なく溶存酸素を含む試料（比較的清浄な河川や湖沼の水）は，そのまま使用するが，汚濁が大きく溶存酸素が少ない試料（汚濁が進んでいる河川や湖沼の水，下水，産業排水など）は，あらかじめ曝気し溶存酸素が飽和した希釈用液で希釈した試料を 20℃で 5 日間保温し，保温前後の DO の差で BOD を求める。微生物の活動が良好な状態に試料を保持するため，酸やアルカリなどを含むときは中和し，また重金属など毒性物質を含むときは，必要に応じてこれらを除去する。

(3)　化学的酸素要求量 Chemical Oxygen Demand（COD）

COD は，酸化剤の種類，濃度，反応温度，時間などに大きく影響されるため，測定値には試験法を明示する。

> **希釈用液**
> あらかじめ 20℃近くで曝気した水に緩衝液，$MgSO_4$ 溶液，$CaCl_2$ 溶液，$FeCl_3$ 溶液を各 0.1%ずつ加える。緩衝液（pH 7.2）は K_2HPO_4 21.75 g，KH_2PO_4 8.5 g，$Na_2HPO_4・12H_2O$ 44.6 g および NH_4Cl 1.7 g を水に溶かして全量 1000 mL としたもの，$MgSO_4$ 溶液は，$MgSO_4・7H_2O$ 22.5 g を水に溶かして 1000 mL としたもの，$CaCl_2$ 溶液は，$CaCl_2$ 27.5 g を水に溶かして 1000 mL としたもの，$FeCl_3$ 溶液は，$FeCl_3・6H_2O$ 0.25 g を水に溶かして 1000 mL としたものである。

コラム **COD 測定におけるニクロム酸法と過マンガン酸法の酸化率**

いくつかの有機物について，ニクロム酸法と過マンガン酸法の酸化率が比較されている。

ニクロム酸法での有機物の酸化率は，一般的に非常に高い。例えば，酢酸，プロピオン酸などの有機酸，エチルアルコール，グリセリン，フェノール，ブドウ糖，デンプン，セルロースなどには 95%以上の酸化率を示す。しかし，エーテル，ベンゼン，トルエン，アセトアルデヒドなどの酸化率は 17 ～ 50%と低い。

酸性過マンガン酸法では，フェノール，ブドウ糖，デンプンなどは 60 ～73%，グリセリンは 52%の酸化率であるが，他の有機物の酸化率は低く，酢酸，プロピオン酸，エチルアルコール，エーテル，ベンゼン，セルロースなどは 0 ～ 10%である。

アルカリ性過マンガン酸法の酸化率は，一般的に酸性過マンガン酸法よりも低い。

1) ニクロム酸法

試料水に Ag_2SO_4 を加えてよく振り混ぜ，$0.04 \, mol/L \, K_2Cr_2O_7$ 溶液（酸化剤）および H_2SO_4 を加えて 2 時間還流し，有機物を酸化する。冷後，過剰の $K_2Cr_2O_7$ を $0.025 \, mol/L \, FeSO_4(NH_4)_2SO_4$ 溶液で滴定する（指示薬はオルトフェナントロリン第一鉄試液）。滴定に要した $FeSO_4$ $(NH_4)_2SO_4$ 溶液の mL 数と空試験に要した mL 数から COD を計算する。

2) アルカリ性過マンガン酸法

試料水に 20%NaOH を加えてアルカリ性とし，これに 5 mmol/L または 2 mmol/L $KMnO_4$ 溶液（酸化剤）を加え水浴中で 60 分間加熱し，有機物を酸化する。その後，10%KI 溶液および 10%H_2SO_4 を加え，残留する $KMnO_4$ による KI の酸化によって遊離する I_2 を 25 mmol/L または 10 mmol/L チオ硫酸ナトリウム（$Na_2S_2O_3$）液で滴定する（指示薬はデンプン試液）。滴定に要したチオ硫酸ナトリウム液の mL 数と空試験に要した mL 数から COD を計算する。

3) 酸性高温過マンガン酸法

試料水に 20%$AgNO_3$ 溶液を加え Cl^- を除いた後，30%H_2SO_4 を加えて過剰の Ag^+ を Ag_2SO_4 として沈殿させる。次いで，酸化剤として 5 mmol/L $KMnO_4$ 溶液 10 mL を加え，水浴中で 30 分間加熱し有機物を酸化する。次に，12.5 mmol/L シュウ酸ナトリウム（$Na_2C_2O_4$）液 10 mL を加え，残留する $KMnO_4$ と反応させる。その後，5 mmol/L $KMnO_4$ 溶

液で未反応の $Na_2C_2O_4$ を逆滴定する。

そして，前後に要した 5 mmol/L $KMnO_4$ 溶液の合計 mL 数と空試験で前後に要した 5 mmol/L $KMnO_4$ 溶液の合計 mL 数から COD を計算する。

コラム　**COD 測定法の特徴**

COD 測定には酸化剤として二クロム酸カリウム（$K_2Cr_2O_7$）あるいは過マンガン酸カリウム（$KMnO_4$）が使用されるが，ここに示した 3 方法は酸化力，共存物質の影響や操作の簡便性などが異なるため，水質や試験の目的に応じて，これらの各方法が適用される。

二クロム酸法は 3 方法の中で最も酸化力が強く，ほとんどすべての有機物をほぼ完全に酸化分解できる。したがって，水中の全有機物に対応する COD 値が測定できる。なお，水中に Cl^- が共存すると，Cl^- は H_2SO_4 存在下 $K_2Cr_2O_7$ により Cl_2 へ酸化され $K_2Cr_2O_7$ を消費するため，あらかじめ Ag_2SO_4 を加えて Cl^- を除去（AgCl の沈殿とする）しておく必要がある。本法は BOD 測定の妨害物質を含むことが多い産業排水の COD 測定に適している。

酸性高温過マンガン酸法の反応条件（水浴中 30 分間加熱）では，有機物（特に窒素を含む有機物）を完全に酸化できないが，操作の簡便性などの点から，わが国では本法が最も用いられている。本法は JIS K0102 工場排水試験法に採用されている。なお，本法では有機物以外に亜硝酸塩，鉄（II）塩，硫化物などの無機物も酸化される。また，Cl^- は酸性条件下で $KMnO_4$ により酸化されるため，$AgNO_3$ を加えて除去している。

アルカリ性過マンガン酸法は 3 方法の中では最も酸化力が弱いが，アルカリ性では Cl^- が $KMnO_4$ により酸化されないため，酸性高温過マンガン酸法とは異なり Cl^- の影響を受けない。したがって，本法は海水の COD 測定に適している。海域の B 類型の工業用水および水産 2 級のうちノリ養殖の利水点における COD 測定には本法が採用されている。

---

(4) 浮遊物質 Suspended Solid（SS）

SS とは，試料中に浮遊する有機性，無機性の諸種の複雑な成分である。mg/L で表す。

1) ガラスろ過法

秤量したガラス繊維ろ紙を敷いたつぼ型ガラスろ過器を用いて吸引ろ過し，105 ℃で重量が変化しなくなるまで乾燥し，デシケーター中に放冷した後，秤量する。この重量と先に測定したフィルターとの重量の差から SS を計算する。

（5）大腸菌群

　大腸菌群は，乳糖を分解して酸とガスを産生する性状を利用して計測する。また，以下の方法以外に特定酵素基質培地法も用いられる。

1）乳糖ブイヨン法

　乳糖ブイヨンの選択性が低いため，栄養源の少ない試料に適している。試料を加えた培地を 35±1℃で培養し，48±3 時間まで観察する。酸の産生により乳糖ブイヨン培地の pH が低下し，pH 指示薬として添加されているブロモチモールブルーが黄変する。さらに，ガスの産生により，ダーラム管（小試験管を逆さにして培地内に沈めたもの）の内部に気泡が発生，あるいは底に沈んでいたポリウレタンフォームが液面に浮上する。ガスの発生がない場合は陰性とする。この方法は定性試験で使用される。

2）BGLB（Brilliantgreen Lactose Bile）培地法

　培地は牛胆汁末が添加されているため，乳糖ブイヨンよりも選択性が高く，栄養源が豊富で種々の細菌の発育しやすい試料に適している。水質汚濁に係る環境基準においては，BGLB 培地を用いた最確数による定量法が規定されている。最確数による定量法は，試料を連続 10 倍段階希釈した 4 段階の試料を各希釈段階につき 5 本ずつ，ダーラム管を入れた BGLB 培地に移植し，36±1℃で 48±3 時間培養する。ガス発生を認めたものを陽性管とし，各試料における陽性管数から 100 mL 中の大腸菌群の最確数（MPN）を最確数表を用いて算出する。

3）デオキシコレート寒天培地法

　強い選択性を持つため，栄養源の豊富な試料に適する。連続 10 倍段階希釈を行い，各希釈段階 1 mL とあらかじめ加温溶解して約 50℃に保ったデオキシコレート寒天培地約 15 mL をシャーレ上でよく混ぜ合わせ，放冷して凝固させる。さらにその表面に，同培地もしくは普通寒天培地を 2～3 mL 重層して凝固させる。35±1℃，20±2 時間の一定条件下で培養したときに形成する細菌集落（コロニー）を計測する。下水道法では，この方法による試験が規定されている。

（6）腸球菌

　ふん便中の腸球菌とは，*Enterococus faecalis* および *Enterococus faecium* などの菌種を指すことが多い。腸球菌の菌数の少ない試料では AC 培地，菌数の多い試料に関しては M-エンテロコッカス寒天培地もしくは EF 寒天培地のような選択培地に試料を接種して 35±1℃で 48±3 時間培養する。これらの培地にはアジ化ナトリウム（NaN$_3$）が添加されており，NaN$_3$ に対して強い耐性がある腸球菌は増殖できるが，グラム陰

性菌は増殖できない。また，腸球菌は塩耐性や高温耐性を持つため，6.5%NaCl含む培地での増殖や45℃での増殖の有無，生化学的試験を通して腸球菌試験完全陽性となる。しかしながら，M-エンテロコッカス寒天培地上で *E. faecalis*（濃赤色〜赤褐色）や *E. faecium*（桃色〜淡赤色）の集落が観察された場合は，腸球菌陽性と判定してもほぼ間違いなく，その後の試験は省略されることがある。

(7) その他

1) 亜硝酸態窒素

亜硝酸態窒素とは，亜硝酸塩をその窒素量（mg/L）をもって表したもので，ジアゾ化法およびイオンクロマトグラフィー法を用いて測定される。ジアゾ化法では，試料溶液にスルファニルアミド溶液（塩酸を含む）を加えて混和し，次いでナフチルエチレンジアミン溶液を加えて発色させる。波長540 nmにおける吸光度を測定して，NO_2^- の検量線から試験溶液中の亜硝酸イオンの量を求め，さらに，次式によって亜硝酸態窒素濃度を算出する。

亜硝酸態窒素（N mg/L）＝亜硝酸イオン（NO_2^- mg/L）×0.3043

本法は酸性下で，水中の亜硝酸イオンによってスルファニルアミドをジアゾニウム塩とし，これをナフチルエチレンジアミンとカップリング反応を行い，アゾ色素（紫紅色）とする方法である（図10-5）。

一方のイオンクロマトグラフィー法は，ジアゾ化法に比べて感度は劣るが，少量の試料で複雑な試験操作なしで測定できる。

スルファニルアミド溶液

スルファニルアミド5gをHCl（1+1）100 mLに加温して溶かす。なお，HCl（1+1）は塩酸1 mLに水を1 mL混和することを意味する。

ナフチルエチレンジアミン溶液

N-(1-ナフチル)エチレンジアミン塩酸塩0.12 gを水100 mLに溶かし，不溶物質があればろ過する。この溶液は褐色びんに保管する。

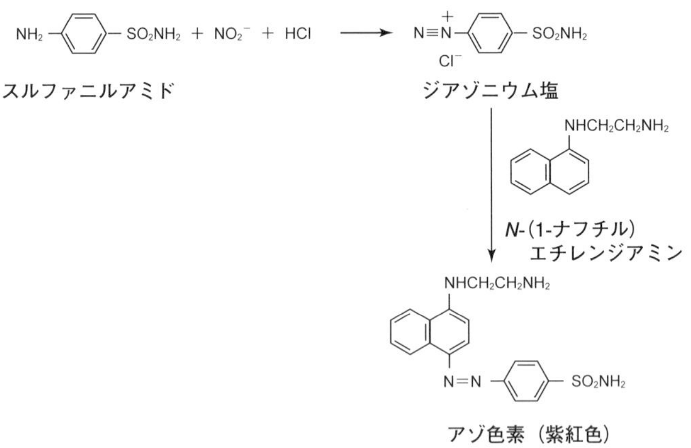

図10-5　ジアゾ化法による亜硝酸イオンの定量

2) 硝酸態窒素

硝酸態窒素とは，硝酸塩をその窒素量（mg/L）をもって表したもの

であり，サリチル酸ナトリウム法で測定される。試料溶液にサリチル酸ナトリウム-NaOH 溶液，0.2%NaCl 溶液，1 %スルファミン酸アンモニウム溶液を加え，水浴上で蒸発乾固する。冷後，硫酸を加え 10 分間放置し，水を加える。これに NaOH 溶液を加え，さらに水を加えて 410 nm 付近の吸光度を測定する。この吸光度により NO_3^- の検量線から試料中の硝酸イオン濃度（mg/L）を算出し，さらに硝酸態窒素濃度を次式によって算出する。

サリチル酸ナトリウム -NaOH 溶液

サリチル酸ナトリウム 1 g を 0.01 mol/L NaOH 液に溶かして 100 mL とする。

$$硝酸態窒素（N\,mg/L）= 硝酸イオン（NO_3^-\,mg/L）×0.2258$$

本法は，サリチル酸塩を水中の硝酸イオンと硫酸でニトロ化し，生成したニトロサリチル酸をアルカリ性でキノイド型として黄色（吸収極大波長 410 nm 付近）に呈色させる方法である（図 10-8）。

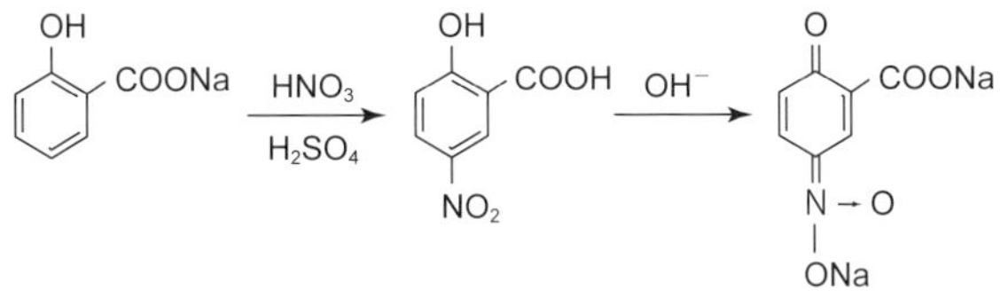

図 10-6　サリチル酸ナトリウム法による硝酸イオンの定量

3）総窒素

カドミウム還元法が全窒素の測定に用いられる。試料溶液に NaOH-ペルオキソ二硫酸カリウム溶液を加え，高圧蒸気滅菌器に入れて加熱し，窒素化合物を硝酸イオン（NO_3^-）に酸化分解する。この溶液を Cd-Cu カラムに通して亜硝酸イオン（NO_2^-）に還元後，溶出液に 1 %スルファニルアミド溶液とナフチルエチレンジアミン溶液を加えてジアゾカップリング反応を行い，生成したアゾ色素（紫紅色）の吸光度（波長 540 nm 付近）を測定する。

その他，硝酸性窒素と亜硝酸性窒素に相当する窒素とアンモニア性窒素と有機性窒素に相当する窒素を求めて合計する総和法や熱分解法がある。

NaOH- ペルオキソ 二硫酸カリウム溶液

水 500 mL に NaOH 3.5 g を溶かしたのち，ペルオキソ二硫酸カリウム（$K_2S_2O_8$，窒素・リン測定用）15 g を溶かす。

4）総リン

原子吸光光度法による定量が用いられる。試料溶液に NaOH- ペルオキソ二硫酸カリウム溶液を加え，高圧蒸気滅菌器に入れて加熱し，リン化合物をリン酸（PO_4^{3-}）に酸化分解する。この溶液にモリブデン酸アンモニウム（$(NH_4)_6Mo_7O_{24}$）溶液と L-アスコルビン酸溶液を加えると，リン酸がリンモリブデン酸アンモニウムとなり，これが還元されて生成する錯体（モリブデン青）を有機溶媒（ジイソブチルケトンなど）で抽出する。この溶液について原子吸光光度法により定量する。この原子吸

光光度法ではモリブデンを分析することにより，間接的にリンを定量する。

10-3-3　水道水の水質基準項目の測定方法

(1) 残留塩素

水中に溶存する遊離残留塩素（遊離型有効塩素）および結合残留塩素（結合型有効塩素）を残留塩素という。遊離残留塩素は主に次亜塩素酸（HClO）および次亜塩素酸イオン（ClO$^-$）であり，結合残留塩素はクロラミン類を指す。クロラミンは水中にアンモニアやアミン類，アミノ酸などが存在すると塩素と反応して生成する。例えばアンモニアであればモノクロラミン（NH$_2$Cl），ジクロラミン（NHCl$_2$）の他にトリクロラミン（NCl$_3$）を生成する。結合残留塩素は一般に遊離残留塩素よりも殺菌力が弱いため，水道法の残留塩素の規定においては，遊離残留塩素0.1 mg/L（結合残留塩素の場合は0.4 mg/L）以上と規定されている。

1) ジエチル-*p*-フェニレンジアミン（DPD）法

遊離残留塩素および結合残留塩素をそれぞれ分けて定量する比色法である。2本の比色管（試験管）にそれぞれリン酸塩緩衝液0.5 mLをとり，DPD粉末試薬約0.2 gまたはDPD溶液0.5 mLを加えて混和する。これに試料10 mLを加えて混和し，片方は速やかに510 nmの吸光度を測定し，検量線から遊離残留塩素 mg/Lを求める。もう一方の比色管はKI約0.1 gを加えて溶解することで，アンモニアモノクロラミンおよびアンモニアジクロラミンの呈色を促す。アンモニアジクロラミンの呈色完了のため，約2分間放置後510 nmの吸光度を測定し，検量線から試料の残留塩素 mg/Lを求める。残留塩素 mg/Lと遊離残留塩素 mg/Lとの差から結合残留塩素 mg/Lを求める。

DPD法の他に，電流法や吸光光度法，ポーラログラフィー法が水質検査法として定められている。

(2) 大腸菌

水道水質基準では，大腸菌は特定酵素基質培地法により測定し，試料100 mLを試験して陰性であることが求められる。

1) 特定酵素基質培地法

特定酵素基質培地100 mLに試料100 mLを接種する。その後容器を密栓して混和し，培地を十分に溶解させたのち，36±1℃，24時間培養する。培養後，波長366 nmの紫外線を照射し，それぞれの培地用の比色標準液よりも強い蛍光を発するものを陽性とする。いずれもβ-D-グルクロニダーゼによって4-メチルウンベリフェリル-β-D-グルクロニ

特定酵素基質培地

現在，水道法ではMMO-MUG培地，IPTG添加ONPG-MUG培地，XGal-MUG培地，ピルビン酸添加XGal-MUG培地のいずれかを使用するよう定められている。いずれもβ-D-グルクロニダーゼによって4-メチルウンベリフェリル-β-D-グルクロニド（MUG）を加水分解し，波長366 nmの紫外線下で蛍光を発する4-メチルウンベリフェロンを遊離することを利用している。

ド（MUG）を加水分解し，波長 366 nm の紫外線下で蛍光を発する 4-メチルウンベリフェロンを遊離することを利用している。しかし，一部の大腸菌では β -D- グルクロニダーゼ活性を示さないものがあるため，この方法のみで大腸菌を同定することには注意が必要である。

（3）一般細菌

1）標準寒天培地法

試料液 1 mL もしくはその各段階希釈試料液 1 mL を標準寒天培地 15 〜 20 mL とシャーレの中で混和凝固させ，36±1℃，24±2 時間の一定条件下で培養したときに形成する細菌集落を計測する。集落数の算定は，1 つのシャーレに 30 〜 300 個の集落が見られるものを選んで行う。

（4）硬度

硬度は，水中の Ca^{2+} および Mg^{2+} 量をこれに対応する $CaCO_3$ の mg/L に換算して表す。水中の Ca^{2+} の総量をカルシウム硬度，Mg^{2+} 量の総量をマグネシウム硬度で表し，Ca^{2+} および Mg^{2+} の総量を総硬度で示す。水中の Ca^{2+} および Mg^{2+} は主に地質由来のものであるが，海水や工場排水，下水などの混入が原因となることがある。また，水道においては，コンクリート構造物からの溶出や水の石灰処理などによって硬度が増加することがある。硬度は高すぎると胃腸を害して下痢を起こしたり，石鹸の洗浄作用の低下や調理時の味の損失を招いたりするなど日常生活に大きく影響する。そのため，水道水質基準では，総硬度として 300 mg/L 以下であることが規定されている。

1）EDTA 滴定法

エリオクロムブラック T（EBT）は pH 10 付近で青色を呈するが，Ca^{2+} および Mg^{2+} などの金属イオンが存在すると，キレート生成定数の大きさに従い，Mg^{2+}，Ca^{2+} の順で反応し，ぶどう赤色のキレート化合物を生成する。このキレート化合物に EDTA・2Na 水溶液を滴下すると，EDTA の方が EBT よりも Ca，Mg に対するキレートを生成しやすいため，Ca，Mg の順に EDTA が反応し無色のキレート化合物が生成され，遊離した EBT の青色（終点）を呈する。

その他の測定方法としては，フレーム原子吸光光度法や高周波誘導結合プラズマ（ICP）発光分光分析法，イオンクロマトグラフィーがある。

（5）塩化物イオン Cl⁻

イオンクロマトグラフィー法および硝酸銀滴定法で測定する。イオンクロマトグラフィー法は少量の試料で，低濃度から高濃度まで他のハロゲンイオンの影響を受けず選択的に測定できる。一方，K_2CrO_4 溶液を指示薬とし，$AgNO_3$ 溶液で滴定して Cl⁻ を求める硝酸銀滴定法では，比較

的高濃度の Cl⁻ を含む試料に適する。Cl⁻ 以外に Br⁻ や I⁻ も同時に滴定されるが，飲料水における両イオンの存在は通常は極めて僅かであり問題とならない。

付　表

1．大気汚染に係る環境基準

(1) 大気汚染に係る環境基準

物質	環境上の条件（設定年月日等）	測定方法
二酸化硫黄 （SO₂）	1 時間値の 1 日平均値が 0.04 ppm 以下であり，かつ，1 時間値が 0.1 ppm 以下であること。	溶液導電率法または紫外線蛍光法
一酸化炭素 （CO）	1 時間値の 1 日平均値が 10 ppm 以下であり，かつ，1 時間値の 8 時間平均値が 20 ppm 以下であること。	非分散型赤外分析計を用いる方法
浮遊粒子状物質 （SPM）	1 時間値の 1 日平均値が 0.10 mg/m³ 以下であり，かつ，1 時間値が 0.20 mg/m³ 以下であること。	濾過捕集による重量濃度測定方法またはこの方法によって測定された重量濃度と直線的な関係を有する量が得られる光散乱法，圧電天びん法もしくはベータ線吸収法
二酸化窒素 （NO₂）	1 時間値の 1 日平均値が 0.04 ppm から 0.06 ppm までのゾーン内またはそれ以下であること。	ザルツマン試薬を用いる吸光光度法またはオゾンを用いる化学発光法
光化学オキシダント （OX）	1 時間値が 0.06 ppm 以下であること。	中性ヨウ化カリウム溶液を用いる吸光光度法もしくは電量法，紫外線吸収法またはエチレンを用いる化学発光法

(2) 有害大気汚染物質（ベンゼンなど）に係る環境基準

物質	環境上の条件	測定方法
ベンゼン	1 年平均値が 0.003 mg/m³ 以下であること。	キャニスターまたは捕集管により採取した試料をガスクロマトグラフ質量分析計により測定する方法を標準法とする。また，当該物質に関し，標準法と同等以上の性能を有使用可能とする。
トリクロロエチレン	1 年平均値が 0.13 mg/m³ 以下であること。	
テトラクロロエチレン	1 年平均値が 0.2 mg/m³ 以下であること。	
ジクロロメタン	1 年平均値が 0.15 mg/m³ 以下であること。	

(3) 微小粒子状物質に係る環境基準

物質	環境上の条件	測定方法
微小粒子状物質	1 年平均値が 15 μg/m³ 以下であり，かつ，1 日平均値が 35 μg/m³ 以下であること。	微小粒子状物質による大気の汚染の状況を的確に把握することができると認められる場所において，濾過捕集による質量濃度測定方法またはこの方法によって測定された質量濃度と等価な値が得られると認められる自動測定機による方法

2．水質汚濁に係る環境基準

(1) 人の健康の保護に関する環境基準

項目	基準値	項目	基準値
カドミウム	0.003 mg/L 以下	1,1,2-トリクロロエタン	0.006 mg/L 以下
全シアン	検出されないこと。	トリクロロエチレン	0.01mg/L 以下
鉛	0.01 mg/L 以下	テトラクロロエチレン	0.01 mg/L 以下
六価クロム	0.02 mg/L 以下	1,3-ジクロロプロペン	0.002 mg/L 以下
ヒ素	0.01 mg/L 以下	チウラム	0.006 mg/L 以下
総水銀	0.0005 mg/L 以下	シマジン	0.003 mg/L 以下
アルキル水銀	検出されないこと。	チオベンカルブ	0.02 mg/L 以下
PCB	検出されないこと。	ベンゼン	0.01 mg/L 以下
ジクロロメタン	0.02 mg/L 以下	セレン	0.01 mg/L 以下
四塩化炭素	0.002 mg/L 以下	硝酸性窒素および亜硝酸性窒素	10 mg/L 以下
1,2-ジクロロエタン	0.004 mg/L 以下	フッ素	0.8 mg/L 以下
1,1-ジクロロエチレン	0.1 mg/L 以下	ホウ素	1 mg/L 以下
シス-1,2-ジクロロエチレン	0.04 mg/L 以下	1,4-ジオキサン	0.05 mg/L 以下
1,1,1-トリクロロエタン	1 mg/L 以下		

(2) 生活環境の保全に関する環境基準（河川）

ア）

項目類型	利用目的の適応性	基準値				
		水素イオン濃度 (pH)	生物化学的酸素要求量 (BOD)	浮遊物質量 (SS)	溶存酸素量 (DO)	大腸菌
AA	水道1級 自然環境保全 およびA以下の欄に掲げるもの	6.5以上 8.5以下	1 mg/L以下	25 mg/L以下	7.5 mg/L以上	20 CFU/100 mL以下
A	水道2級 水産1級 水浴 およびB以下の欄に掲げるもの	6.5以上 8.5以下	2 mg/L以下	25 mg/L以下	7.5 mg/L以上	300 CFU/100 mL以下
B	水道3級 水産2級 およびC以下の欄に掲げるもの	6.5以上 8.5以下	3 mg/L以下	25 mg/L以下	5 mg/L以上	1,000 CFU/100 mL以下
C	水産3級 工業用水1級 およびD以下の欄に掲げるもの	6.5以上 8.5以下	5 mg/L以下	50 mg/L以下	5 mg/L以上	－
D	工業用水2級 農業用水 およびEの欄に掲げるもの	6.0以上 8.5以下	8 mg/L以下	100 mg/L以下	2 mg/L以上	－
E	工業用水3級 環境保全	6.0以上 8.5以下	10 mg/L以下	ごみ等の浮遊が認められないこと。	2 mg/L以上	－

（注）
1 自然環境保全：自然探勝等の環境保全
2 水道1級：ろ過等による簡易な浄水操作を行うもの
　水道2級：沈殿ろ過等による通常の浄水操作を行うもの
　水道3級：前処理等を伴う高度の浄水操作を行うもの
3 水産1級：ヤマメ，イワナ等貧腐水性水域の水産生物用並びに水産2級および水産3級の水産生物用
　水産2級：サケ科魚類およびアユ等貧腐水性水域の水産生物用および水産3級の水産生物用
　水産3級：コイ，フナなど，β-中腐水性水域の水産生物用
4 工業用水1級：沈殿等による通常の浄水操作を行うもの
　工業用水2級：薬品注入等による高度の浄水操作を行うもの
　工業用水3級：特殊の浄水操作を行うもの
5 環境保全：国民の日常生活（沿岸の遊歩等を含む。）において不快感を生じない限度

イ）

項目 類型	水生生物の生息状況の適応性	基準値		
		全亜鉛	ノニルフェノール	直鎖アルキルベンゼンスルホン酸およびその塩
生物 A	イワナ，サケマスなど比較的低温域を好む水生生物およびこれらの餌生物が生息する水域	0.03 mg/L 以下	0.001 mg/L 以下	0.03 mg/L 以下
生物 特 A	生物 A の水域のうち，生物 A の欄に掲げる水生生物の産卵場（繁殖場）または幼稚仔の生育場として特に保全が必要な水域	0.03 mg/L 以下	0.0006 mg/L 以下	0.02 mg/L 以下
生物 B	コイ，フナ等比較的高温域を好む水生生物およびこれらの餌生物が生息する水域	0.03 mg/L 以下	0.002 mg/L 以下	0.05 mg/L 以下
生物 特 B	生物 A または生物 B の水域のうち，生物 B の欄に掲げる水生生物の産卵場（繁殖場）または幼稚仔の生育場として特に保全が必要な水域	0.03 mg/L 以下	0.002 mg/L 以下	0.04 mg/L 以下

(3) 生活環境の保全に関する環境基準（湖沼）

ア）

項目類型	利用目的の適応性	基準値				
		水素イオン濃度 (pH)	化学的酸素要求量 (COD)	浮遊物質量 (SS)	溶存酸素量 (DO)	大腸菌
AA	水道1級 水産1級 自然環境保全 およびA以下の 欄に掲げるもの	6.5以上 8.5以下	1 mg/L 以下	1mg/L 以下	7.5 mg/L 以上	20 CFU/ 100 mL 以下
A	水道2, 3級 水産2級　水浴 およびB以下の 欄に掲げるもの	6.5以上 8.5以下	3 mg/L 以下	5 mg/L 以下	7.5 mg/L 以上	300 CFU/ 100 mL 以下
B	水産3級 工業用水1級 農業用水 およびCの欄に 掲げるもの	6.5以上 8.5以下	5 mg/L 以下	15 mg/L 以下	5 mg/L 以上	―
C	工業用水2級 環境保全	6.0以上 8.5以下	8 mg/L 以下	ごみ等の浮遊が認められないこと。	2 mg/L 以上	―

(注)
1　自然環境保全：自然探勝等の環境保全
2　水道1級：ろ過等による簡易な浄水操作を行うもの
　水道2, 3級：沈殿ろ過等による通常の浄水操作，または，前処理等を伴う高度の浄水操作を行うもの
3　水産1級：ヒメマスなど貧栄養湖型の水域の水産生物用並びに水産2級および水産3級の水産生物用
　水産2級：サケ科魚類およびアユ等貧栄養湖型の水域の水産生物用および水産3級の水産生物用
　水産3級：コイ，フナなど富栄養型の水域の水産生物用
4　工業用水1級：沈殿等による通常の浄水操作を行うもの
　工業用水2級：薬品注入等による高度の浄水操作，または，特殊な浄水操作を行うもの
5　環境保全：国民の日常生活（沿岸の遊歩等を含む。）において不快感を生じない限度

イ)

項目 類型	利用目的の適応性	基準値	
		全窒素	全リン
I	自然環境保全およびII以下の欄に掲げるもの	0.1 mg/L 以下	0.005 mg/L 以下
II	水道1, 2, 3級（特殊なものを除く。） 水産1種 水浴およびIII以下の欄に掲げるもの	0.2 mg/L 以下	0.01 mg/L 以下
III	水道3級（特殊なもの）およびIV以下の欄に掲げるもの	0.4 mg/L 以下	0.03 mg/L 以下
IV	水産2種およびVの欄に掲げるもの	0.6 mg/L 以下	0.05 mg/L 以下
V	水産3種 工業用水 農業用水 環境保全	1 mg/L 以下	0.1 mg/L 以下

(注)
1 自然環境保全：自然探勝等の環境保全
2 水道1級：ろ過等による簡易な浄水操作を行うもの
　水道2級：沈殿ろ過等による通常の浄水操作を行うもの
　水道3級：前処理等を伴う高度の浄水操作を行うもの（「特殊なもの」とは，臭気物質の
　　　　　除去が可能な特殊な浄水操作を行うものをいう。）
3 水産1種：サケ科魚類およびアユ等の水産生物用並びに水産2種および水産3種の水産
　　　　　生物用
　水産2種：ワカサギ等の水産生物用および水産3種の水産生物用
　水産3種：コイ，フナ等の水産生物用
4 環境保全：国民の日常生活（沿岸の遊歩等を含む。）において不快感を生じない限度

ウ)

項目 類型	水生生物の生息状況の適応性	基準値		
		全亜鉛	ノニルフェノール	直鎖アルキルベンゼンスルホン酸およびその塩
生物A	イワナ，サケマスなど比較的低温域を好む水生生物およびこれらの餌生物が生息する水域	0.03 mg/L 以下	0.001 mg/L 以下	0.03 mg/L 以下
生物特A	生物Aの水域のうち，生物Aの欄に掲げる水生生物の産卵場（繁殖場）または幼稚仔の生育場として特に保全が必要な水域	0.03 mg/L 以下	0.0006 mg/L 以下	0.02 mg/L 以下
生物B	コイ，フナなど比較的高温域を好む水生生物およびこれらの餌生物が生息する水域	0.03 mg/L 以下	0.002 mg/L 以下	0.05 mg/L 以下
生物特B	生物Aまたは生物Bの水域のうち，生物Bの欄に掲げる水生生物の産卵場（繁殖場）または幼稚仔の生育場として特に保全が必要な水域	0.03 mg/L 以下	0.002 mg/L 以下	0.04 mg/L 以下

エ)

項目 類型	水生生物が生息・再生産する場の適応性	基準値 底層溶存酸素量
生物 1	生息段階において貧酸素耐性の低い水生生物が生息できる場を保全・再生する水域または再生産段階において貧酸素耐性の低い水生生物が再生産できる場を保全・再生する水域	4.0 mg/L 以上
生物 2	生息段階において貧酸素耐性の低い水生生物を除き，水生生物が生息できる場を保全・再生する水域または再生産段階において貧酸素耐性の低い水生生物を除き，水生生物が再生産できる場を保全・再生する水域	3.0 mg/L 以上
生物 3	生息段階において貧酸素耐性の高い水生生物が生息できる場を保全・再生する水域，再生産段階において貧酸素耐性の高い水生生物が再生産できる場を保全・再生する水域または無生物域を解消する水域	2.0 mg/L 以上

(4) 生活環境の保全に関する環境基準（海域）

ア）

項目 類型	利用目的の 適応性	基準値				
		水素イオン 濃度 （pH）	化学的酸素 要求量 （COD）	溶存酸素量 （DO）	大腸菌	n-ヘキサン 抽出物質 （油分等）
A	水産1級 水浴 自然環境保全お よびB以下の欄 に掲げるもの	7.8以上 8.3以下	2 mg/L 以下	7.5 mg/L 以上	300 CFU/ 100 mL 以下	検出されな いこと。
B	水産2級 工業用水 およびCの欄に 掲げるもの	7.8以上 8.3以下	3 mg/L 以下	5 mg/L 以上	―	検出されな いこと。
C	環境保全	7.0以上 8.3以下	8 mg/L 以下	2 mg/L 以上	―	―

（注）
1 自然環境保全：自然探勝等の環境保全
2 水産1級：マダイ，ブリ，ワカメ等の水産生物用および水産2級の水産生物用
　水産2級：ボラ，ノリ等の水産生物用
3 環境保全：国民の日常生活（沿岸の遊歩等を含む。）において不快感を生じない限度

イ）

項目 類型	利用目的の適応性	基準値	
		全窒素	全リン
I	自然環境保全およびII以下の欄に掲げるも の（水産2種および3種を除く。）	0.2 mg/L 以下	0.02 mg/L 以下
II	水産1種　水浴およびIII以下の欄に掲げる もの（水産2種および3種を除く。）	0.3 mg/L 以下	0.03 mg/L 以下
III	水産2種およびIVの欄に掲げるもの（水産 3種を除く。）	0.6 mg/L 以下	0.05 mg/L 以下
IV	水産3種　工業用水　生物生息環境保全	1 mg/L 以下	0.09 mg/L 以下

（注）
1 自然環境保全：自然探勝等の環境保全
2 水産1種：底生魚介類を含め多様な水産生物がバランス良く，かつ，安定して漁獲される
　水産2種：一部の底生魚介類を除き，魚類を中心とした水産生物が多獲される
　水産3種：汚濁に強い特定の水産生物が主に漁獲される
3 生物生息環境保全：年間を通して底生生物が生息できる限度

ウ）

項目 類型	水生生物の生息状況の適応性	基準値		
		全亜鉛	ノニルフェノール	直鎖アルキルベンゼンスルホン酸およびその塩
生物 A	水生生物の生息する水域	0.02 mg/L 以下	0.001 mg/L 以下	0.01 mg/L 以下
生物 特A	生物Aの水域のうち，水生生物の産卵場（繁殖場）または幼稚仔の生育場として特に保全が必要な水域	0.01 mg/L 以下	0.0007 mg/L 以下	0.006 mg/L 以下

エ）

項目 類型	水生生物が生息・再生産する場の適応性	基準値
		底層溶存酸素量
生物1	生息段階において貧酸素耐性の低い水生生物が生息できる場を保全・再生する水域または再生産段階において貧酸素耐性の低い水生生物が再生産できる場を保全・再生する水域	4.0 mg/L 以上
生物2	生息段階において貧酸素耐性の低い水生生物を除き，水生生物が生息できる場を保全・再生する水域または再生産段階において貧酸素耐性の低い水生生物を除き，水生生物が再生産できる場を保全・再生する水域	3.0 mg/L 以上
生物3	生息段階において貧酸素耐性の高い水生生物が生息できる場を保全・再生する水域，再生産段階において貧酸素耐性の高い水生生物が再生産できる場を保全・再生する水域または無生物域を解消する水域	2.0 mg/L 以上

3. 土壌の汚染に係わる環境基準

項目	環境上の条件	項目	環境上の条件
カドミウム	検液1Lにつき0.003mg以下であり，かつ，農用地においては，米1kgにつき0.4mg以下であること。	シス-1,2-ジクロロエチレン	検液1Lにつき0.04mg以下であること。
全シアン	検液中に検出されないこと。	1,1,1-トリクロロエタン	検液1Lにつき1mg以下であること。
有機リン	検液中に検出されないこと。	1,1,2-トリクロロエタン	検液1Lにつき0.006mg以下であること。
鉛	検液1Lにつき0.01mg以下であること。	トリクロロエチレン	検液1Lにつき0.01mg以下であること。
六価クロム	検液1Lにつき0.05mg以下であること。	テトラクロロエチレン	検液1Lにつき0.01mg以下であること。
ヒ素	検液1Lにつき0.01mg以下であり，かつ，農用地（田に限る。）においては，土壌1kgにつき15mg未満であること。	1,3-ジクロロプロペン	検液1Lにつき0.002mg以下であること。
総水銀	検液1Lにつき0.0005mg以下であること。	チウラム	検液1Lにつき0.006mg以下であること。
アルキル水銀	検液中に検出されないこと。	シマジン	検液1Lにつき0.003mg以下であること。
PCB	検液中に検出されないこと。	チオベンカルブ	検液1Lにつき0.02mg以下であること。
銅	農用地（田に限る。）において，土壌1kgにつき125mg未満であること。	ベンゼン	検液1Lにつき0.01mg以下であること。
ジクロロメタン	検液1Lにつき0.02mg以下であること。	セレン	検液1Lにつき0.01mg以下であること。
四塩化炭素	検液1Lにつき0.002mg以下であること。	フッ素	検液1Lにつき0.8mg以下であること。
クロロエチレン	検液1Lにつき0.002mg以下であること。	ホウ素	検液1Lにつき1mg以下であること。
1,2-ジクロロエタン	検液1Lにつき0.004mg以下であること。	1,4-ジオキサン	検液1Lにつき0.05mg以下であること。
1,1-ジクロロエチレン	検液1Lにつき0.1mg以下であること。		

4. ダイオキシン類の環境基準

媒体	基準値	媒体	基準値
大気	0.6 pg-TEQ/m^3 以下	水底の底質	150 pg-TEQ/g 以下
水質 （水底の底質を除く。）	1 pg-TEQ/l 以下	土壌	1,000 pg-TEQ/g 以下

備考
1　基準値は，2,3,7,8-四塩化ジベンゾ-*p*-ジオキシンの毒性に換算した値とする。
2　大気および水質（水底の底質を除く。）の基準値は，年間平均値とする。

5. 水道水質基準項目と基準値（51 項目）

項目	基準	項目	基準
一般細菌	1 mL の検水で形成される集落数が 100 以下	総トリハロメタン	0.1 mg/L 以下
大腸菌	検出されないこと	トリクロロ酢酸	0.03 mg/L 以下
カドミウムおよびその化合物	カドミウムの量に関して，0.003 mg/L 以下	ブロモジクロロメタン	0.03 mg/L 以下
水銀およびその化合物	水銀の量に関して，0.0005 mg/L 以下	ブロモホルム	0.09 mg/L 以下
セレンおよびその化合物	セレンの量に関して，0.01 mg/L 以下	ホルムアルデヒド	0.08 mg/L 以下
鉛およびその化合物	鉛の量に関して，0.01 mg/L 以下	亜鉛およびその化合物	亜鉛の量に関して，1.0 mg/L 以下
ヒ素およびその化合物	ヒ素の量に関して，0.01 mg/L 以下	アルミニウムおよびその化合物	アルミニウムの量に関して，0.2 mg/L 以下
六価クロム化合物	六価クロムの量に関して，0.02 mg/L 以下	鉄およびその化合物	鉄の量に関して，0.3 mg/L 以下
亜硝酸態窒素	0.04 mg/L 以下	銅およびその化合物	銅の量に関して，1.0 mg/L 以下
シアン化物イオンおよび塩化シアン	シアンの量に関して，0.01 mg/L 以下	ナトリウムおよびその化合物	ナトリウムの量に関して，200 mg/L 以下
硝酸態窒素および亜硝酸態窒素	10 mg/L 以下	マンガンおよびその化合物	マンガンの量に関して，0.05 mg/L 以下
フッ素およびその化合物	フッ素の量に関して，0.8 mg/L 以下	塩化物イオン	200 mg/L 以下
ホウ素およびその化合物	ホウ素の量に関して，1.0 mg/L 以下	カルシウム，マグネシウム等（硬度）	300 mg/L 以下
四塩化炭素	0.002 mg/L 以下	蒸発残留物	500 mg/L 以下

1,4-ジオキサン	0.05 mg/L 以下	陰イオン界面活性剤	0.2 mg/L 以下
シス-1,2-ジクロロエチレンおよびトランス-1,2-ジクロロエチレン	0.04 mg/L 以下	ジェオスミン	0.00001 mg/L 以下
ジクロロメタン	0.02 mg/L 以下	2-メチルイソボルネオール	0.00001 mg/L 以下
テトラクロロエチレン	0.01 mg/L 以下	非イオン界面活性剤	0.02 mg/L 以下
トリクロロエチレン	0.01 mg/L 以下	フェノール類	フェノールの量に換算して，0.005 mg/L 以下
ベンゼン	0.01 mg/L 以下	有機物（全有機炭素（TOC）の量）	3 mg/L 以下
塩素酸	0.6 mg/L 以下	pH 値	5.8 以上 8.6 以下
クロロ酢酸	0.02 mg/L 以下	味	異常でないこと
クロロホルム	0.06 mg/L 以下	臭気	異常でないこと
ジクロロ酢酸	0.03 mg/L 以下	色度	5 度以下
ジブロモクロロメタン	0.1 mg/L 以下	濁度	2 度以下
臭素酸	0.01 mg/L 以下	（空白）	（空白）

6. 排水基準

(1) 健康に係る有害物質についての排水基準（有害物質）

有害物質の種類	許容限度	
カドミウムおよびその化合物	0.03 mg Cd/L	
シアン化合物	1 mgCN/L	
有機燐化合物（パラチオン，メチルパラチオン，メチルジメトンおよびEPNに限る。）	1 mg/L	
鉛およびその化合物	0.1 mgPb/L	
六価クロム化合物	0.5 mgCr(VI)/L	
ヒ素およびその化合物	0.1 mgAs/L	
水銀およびアルキル水銀その他の水銀化合物	0.005 mgHg/L	
アルキル水銀化合物	検出されないこと。	
ポリ塩化ビフェニル	0.003 mg/L	
トリクロロエチレン	0.1 mg/L	
テトラクロロエチレン	0.1 mg/L	
ジクロロメタン	0.2 mg/L	
四塩化炭素	0.02 mg/L	
1,2-ジクロロエタン	0.04 mg/L	
1,1-ジクロロエチレン	1 mg/L	
シス-1,2-ジクロロエチレン	0.4 mg/L	
1,1,1-トリクロロエタン	3 mg/L	
1,1,2-トリクロロエタン	0.06 mg/L	
1,3-ジクロロプロペン	0.02 mg/L	
チウラム	0.06 mg/L	
シマジン	0.03 mg/L	
チオベンカルブ	0.2 mg/L	
ベンゼン	0.1 mg/L	
セレンおよびその化合物	0.1 mgSe/L	
ホウ素およびその化合物	海域以外の公共用水域に排出されるもの	10 mgB/L
	海域に排出されるもの	230 mgB/L
フッ素およびその化合物	海域以外の公共用水域に排出されるもの	8 mgF/L
	海域に排出されるもの	15 mgF/L
アンモニア，アンモニウム化合物，亜硝酸化合物および硝酸化合物	アンモニア性窒素に0.4を乗じたもの，亜硝酸性窒素および硝酸性窒素の合計量	100 mg/L
1,4-ジオキサン	0.5 mg/L	

(2) 生活環境に係る汚染物質についての排水基準（その他の項目）

項目	許容限度
水素イオン濃度（水素指数）（pH）	海域以外の公共用水域に排出されるもの　　5.8 以上 8.6 以下
	海域に排出されるもの　　5.0 以上 9.0 以下
生物化学的酸素要求量（BOD）	160 mg/L（日間平均 120 mg/L）
化学的酸素要求量（COD）	160 mg/L（日間平均 120 mg/L）
浮遊物質量（SS）	200 mg/L（日間平均 150 mg/L）
ノルマルヘキサン抽出物質含有量（鉱油類含有量）	5 mg/L
ノルマルヘキサン抽出物質含有量（動植物油脂類含有量）	30 mg/L
フェノール類含有量	5 mg/L
銅含有量	3 mg/L
亜鉛含有量	2 mg/L
溶解性鉄含有量	10 mg/L
溶解性マンガン含有量	10 mg/L
クロム含有量	2 mg/L
大腸菌群数	日間平均 3000 個 /cm³
窒素含有量	120 mg/L（日間平均 60 mg/L）
リン含有量	16 mg/L（日間平均 8 mg/L）

索　引

わ 行

著 者 略 歴

篠田 純男（しのだ すみお）

1967年　大阪大学薬学研究科博士課程単位取得退学
　　　　岡山大学名誉教授
　　　　薬学博士（大阪大学）

伊東 秀之（いとう ひでゆき）

1990年　岡山大学大学院薬学研究科専攻修士課程修了
2013年　岡山県立大学保健福祉学部栄養学科教授
　　　　博士（薬学）（岡山大学）

三好 伸一（みよし しんいち）

1985年　岡山大学大学院薬学研究科修士課程修了
2005年　岡山大学大学院医歯薬学総合研究科教授
　　　　薬学博士（大阪大学）

水野 環（みずの たまき）

2010年　岡山大学大学院医歯薬学総合研究科創薬生命
　　　　科学専攻博士後期課程修了
2015年　岡山大学大学院医歯薬学総合研究科助教
　　　　博士（薬学）（岡山大学）

新版 人間と環境（しんぱん にんげん と かんきょう）

2019年2月10日　初版第1刷発行
2024年2月10日　新版第1刷発行

© 著 者　篠　田　純　男
　　　　　三　好　伸　一
　　　　　伊　東　秀　之
　　　　　水　野　　　環
　発行者　秀　島　　　功
　印刷者　入　原　豊　治

発行所　**三 共 出 版 株 式 会 社**　東京都千代田区神田神保町3の2
　　　　郵便番号　101-0051　振替　00110-0-1065
　　　　電話　03-3264-5711　FAX　03-3265-5149
　　　　ホームページアドレス　https://www.sankyoshuppan.co.jp

一般社団法人**日本書籍出版協会**・一般社団法人**自然科学書協会**・工学書協会　会員

Printed in Japan　　　　　　　　　　　　　　印刷・製本　太平印刷社

ISBN 978-4-7827-0829-3